11(ⅠB)	12(ⅡB)	13(ⅢB)	14(ⅣB)	15(ⅤB)	16(ⅥB)	17(ⅦB)	18(0)
								4.003 $_2$**He** ヘリウム
			10.81 $_5$**B** ホウ素	12.01 $_6$**C** 炭素	14.01 $_7$**N** 窒素	16.00 $_8$**O** 酸素	19.00 $_9$**F** フッ素	20.18 $_{10}$**Ne** ネオン
			26.98 $_{13}$**Al** アルミニウム	28.09 $_{14}$**Si** ケイ素	30.97 $_{15}$**P** リン	32.07 $_{16}$**S** 硫黄	35.45 $_{17}$**Cl** 塩素	39.95 $_{18}$**Ar** アルゴン
(Ⅷ) …Ni	63.55 $_{29}$**Cu** 銅	65.39 $_{30}$**Zn** 亜鉛	69.72 $_{31}$**Ga** ガリウム	72.61 $_{32}$**Ge** ゲルマニウム	74.92 $_{33}$**As** ヒ素	78.96 $_{34}$**Se** セレン	79.90 $_{35}$**Br** 臭素	83.80 $_{36}$**Kr** クリプトン
…Pd	107.9 $_{47}$**Ag** 銀	112.4 $_{48}$**Cd** カドミウム	114.8 $_{49}$**In** インジウム	118.7 $_{50}$**Sn** スズ	121.8 $_{51}$**Sb** アンチモン	127.6 $_{52}$**Te** テルル	126.9 $_{53}$**I** ヨウ素	131.3 $_{54}$**Xe** キセノン
…Pt	197.0 $_{79}$**Au** 金	200.6 $_{80}$**Hg** 水銀	204.4 $_{81}$**Tl** タリウム	207.2 $_{82}$**Pb** 鉛	209.0 $_{83}$**Bi** ビスマス	(210) $_{84}$**Po** ポロニウム	(210) $_{85}$**At** アスタチン	(222) $_{86}$**Rn** ラドン

| …Eu | 157.3 $_{64}$**Gd** ガドリニウム | 158.9 $_{65}$**Tb** テルビウム | 162.5 $_{66}$**Dy** ジスプロシウム | 164.9 $_{67}$**Ho** ホルミウム | 167.3 $_{68}$**Er** エルビウム | 168.9 $_{69}$**Tm** ツリウム | 173.0 $_{70}$**Yb** イッテルビウム | 175.0 $_{71}$**Lu** ルテチウム |
| …Am | (247) $_{96}$**Cm** キュリウム | (247) $_{97}$**Bk** バークリウム | (252) $_{98}$**Cf** カリホルニウム | (252) $_{99}$**Es** アインスタイニウム | (257) $_{100}$**Fm** フェルミウム | (258) $_{101}$**Md** メンデレビウム | (259) $_{102}$**No** ノーベリウム | (262) $_{103}$**Lr** ローレンシウム |

バイオ実験法&データ 必須 ポケットマニュアル

ラボですぐに使える基本操作といつでも役立つ重要データ

著者 田村隆明

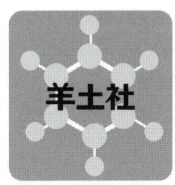

羊土社

【注意事項】本書の情報について ──────────

　本書に記載されている内容は，発行時点における最新の情報に基づき，正確を期するよう，執筆者，監修・編者ならびに出版社はそれぞれ最善の努力を払っております．しかし科学・医学・医療の進歩により，定義や概念，技術の操作方法や診療の方針が変更となり，本書をご使用になる時点においては記載された内容が正確かつ完全ではなくなる場合がございます．また，本書に記載されている企業名や商品名，URL等の情報が予告なく変更される場合もございますのでご了承ください．

序

　本書は，バイオ実験の汎用プロトコールとそれに関連するデータを幅広くカバーし，それらをポケット版サイズに凝縮させた，新しいタイプの実験解説書である．

　実験を始める前には「試薬調製」，「プロトコール選択」，そして「データチェック」が欠かせず，必要と予想される実験書やカタログをいつでも見られるよう常に側に置いておかなくてはならない．しかしこれが実際にはなかなか難しく，"1つで全部カバーできる資料があれば…"というのが研究室の実情である．

　このような状況の中，羊土社では2003年に試薬調製に関するマニュアル本『バイオ試薬調製ポケットマニュアル』を刊行し，なかなかの好評をいただいたが，本書はその続編として，複数の実験関連解説書とデータブック，そして分厚いカタログを1冊にまとめる事を目的に企画されたものである．内容は実験の基礎からDNA/RNA関連実験，タンパク質実験やアイソトープ実験，さらには大腸菌に関連した実験にまで渡り，約300ページの中に方法と関連データに加え，概要や原理がびっしりと盛り込まれている．"小さい中にどれほどの情報が入っているの？"という疑問もあろうが，基本情報はほぼ網羅されており，「資料要らず」の目標もある程度達成されたのではと自負している．

　取り扱った内容は標準的なものに限ったが，日常行われる実験の大部分が標準的なものであるため，実用性を目指した目的には十分叶っている．ただポケット版サイズに凝縮するため，細かなノウハウや解説は最小限に留めており，試薬調製法も『バイオ試薬調製ポケットマニュアル』を引用する事で極力省いた．基本をマスターした段階の実験者が使う実験解説書としては，格好の1冊になったと確信している．本書が実験室の現場で，手になじむまで使い込まれる事が著者の願いであり，これにより実験の効率をさらに上げて頂きたい．

　最後に，本書の企画と作成に尽力頂いた羊土社の蜂須賀修司，山下志乃舞の両氏に，この場を借りてお礼申し上げます．

2006年5月

緑萌える西千葉キャンパスにて
田村隆明

本書の構成と特徴

本書は
「**I部　実験法の解説＋プロトコール編**」
「**II部　実験に必要なデータ編**」の2部構成です．

●I部　実験法の解説＋プロトコール編

分子生物学実験をするうえで基本となる実験法の解説と，汎用プロトコールをまとめています．

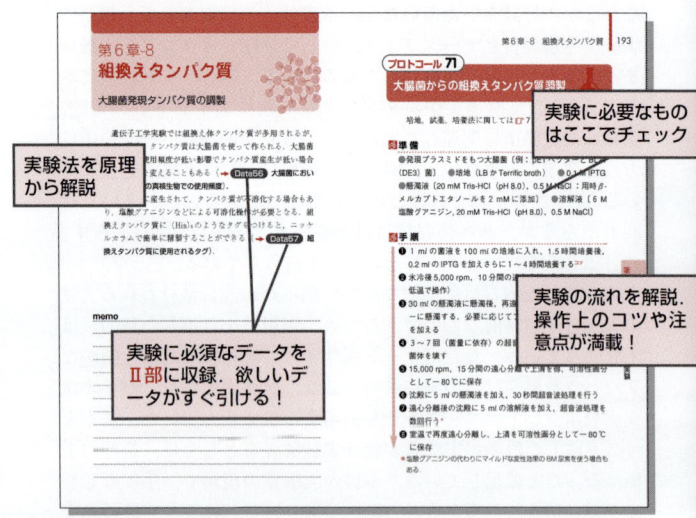

●本書で使われているマーク

- **注意**：実験を行ううえで気をつけるべき点
- **コツ**：実験がよりうまくいくポイントや豆知識
- **参考**：実験法の補足解説や知っておくと役立つ情報
- **Data00**：「II部　実験に必要なデータ編」を参照

●II部　実験に必要なデータ編

実験をするうえで必要となる基本的なデータや，実験後の解析に必要な数式など，多種多様なデータをまとめています．
II部の目次から引くことでデータ集としても活用できます．

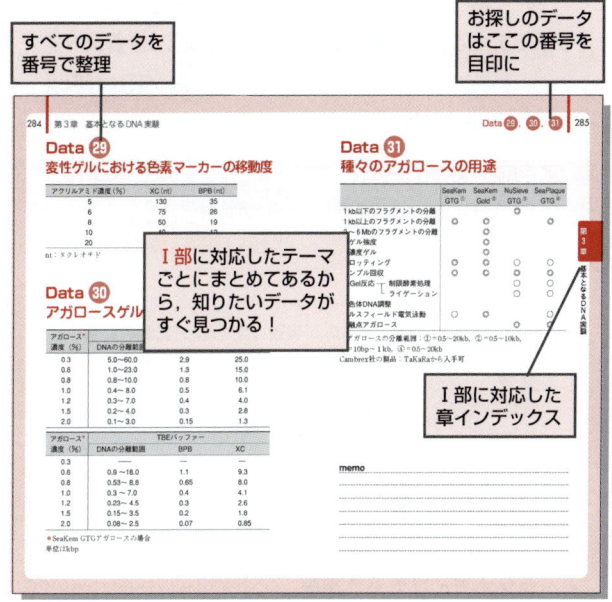

●参考書籍

本書では，下記書籍を引用しています．
さらに詳細な解説書として，ぜひご参照ください．

◆ 『バイオ試薬調製ポケットマニュアル』田村隆明／著，羊土社
◆ 『イラストでみる 超基本バイオ実験ノート』田村隆明／著，羊土社
◆ 『改訂 遺伝子工学実験ノート 上・下巻』田村隆明／著，羊土社
◆ 『基礎からわかる ゲノム解析実験法 中村祐輔ラボ・マニュアル』
　中村祐輔／編，羊土社

バイオ実験法&データ 必須 ポケットマニュアル

ラボですぐに使える基本操作といつでも役立つ重要データ

著／田村隆明

I 部　実験法の解説＋プロトコール編

第1章：実験の基礎

1. **実験の準備** ……………………………………………16
   ベンチサイドに備えるもの／実験に使う水／器具の材質

2. **溶液** ……………………………………………………19
   溶液の濃度／濃度に応じた溶液の作製／溶液のpH（水素イオン濃度）／バッファーの作製

   プロトコール 1 溶液の作製と保存…21

3. **基礎的操作** ……………………………………………23
   冷却・凍結／遠心分離／滅菌と殺菌

4. **ラジオアイソトープ実験** ……………………………26
   はじめに／ラジオアイソトープとは／バイオ実験における RI使用／取り扱いの注意

5. **組換えDNA実験の安全性** …………………………31
   組換えDNA実験とバイオハザード

第2章：DNAを扱う

1. **DNAの性質** …………………………………………35
   DNAの構造／核酸のTm

2. 操作の基本 ··· **39**
取扱いの注意／DNAの安定性とハンドリング／
DNAの溶解と保存

> プロトコール 2　DNAを送る…42
> 　　　　　　 3　吸光度測定によるDNAの定量…43
> 　　　　　　 4　エチジウムブロマイドによるDNAの検出…44

3. 沈殿濃縮法 ·· **45**
原理と概要

> プロトコール 5　エタノール沈殿　【通称：エタ沈】…46
> 　　　　　　 6　イソプロパノール沈殿…48
> 　　　　　　 7　PEG沈殿　【通称：PEG沈】…49

4. その他の濃縮法 ·· **50**
簡便な3つの方法

> プロトコール 8　遠心濃縮機による濃縮…51
> 　　　　　　 9　有機溶媒による脱水…52
> 　　　　　　10　有機溶媒除去（プロトコール9や11の後行う）…53

5. 抽出による精製 ·· **54**
原理と概要／回収率や精製度をあげるコツ

> プロトコール11　フェノール抽出（標準的な抽出操作）…55
> 　　　　　　12　フェノール／クロロホルム
> 　　　　　　　　（クロロパン）抽出…56
> 　　　　　　13　クロロホルム抽出…57

6. その他の精製法 ·· **58**
はじめに

> プロトコール14　低分子物質の除去①　＜透析＞…60
> 　　　　　　15　低分子物質の除去②　＜ゲルろ過＞…61
> 　　　　　　16　DEAEセルロースを用いる精製法…62

7. 高分子核酸とヌクレオチドの分離 ······································ **63**
はじめに／PCR後の処理

> プロトコール17　DNAのみをフィルターに吸着させる…65

第3章：基本となるDNA実験

1. 制限酵素を使う ·· **66**
制限酵素とは／制限酵素の種類と性質／酵素反応の工夫と
失活

> プロトコール18　制限酵素を使ったDNAの切断…69

2. 修飾酵素を使う ·· 70
遺伝子組換え実験に利用される様々な酵素

プロトコール 19 5´端の脱リン酸化反応…71
20 5´端のリン酸化反応…72
21 ベクターにインサートを組み込む…73

3. PCRによるDNA増幅 ·· 75
PCRとは／プライマーデザインの重要性／耐熱性DNAポリメラーゼ／PCR産物のクローニング

プロトコール 22 Taq DNAポリメラーゼを使ったPCR…78
23 TAクローニング…81

4. ポリアクリルアミドゲル電気泳動 ····················· 82
電気泳動とは

プロトコール 24 中性ゲル（未変性ゲル）による分離…83
25 ゲルからのDNA抽出…85
26 変性ゲル（尿素ゲル）を使った電気泳動…86
27 ゲルの乾燥…88

5. アガロースゲル電気泳動 ···································· 89
アガロースゲル電気泳動の有用性／ゲルの特性と適する実験

プロトコール 28 アガロースゲルの作製からDNA検出まで…90
29 ゲルからのDNA回収…91

6. 超遠心機を用いる分離方法 ······························· 93
様々な遠心分離法の原理／物質を沈降させる遠心分離

プロトコール 30 ショ糖密度勾配によるDNA断片の分離…95
31 塩化セシウム平衡遠心による
DNAの分離・精製…98
32 形態によるDNAの精製…100

第4章：DNA解析実験

1. DNAシークエンシング ·································· 101
さまざまなDNAシークエンシング法

プロトコール 33 アイソトープを使う
マニュアルシークエンシング…102
34 サイクルシークエンシングと
オートシークエンサーを用いる方法…106

2. 細胞DNAの抽出 ·· 109
DNA抽出の概要

プロトコール 35	培養細胞や動物組織からDNAを抽出する…110
36	核DNAの精製（DNA抽出の準備）…112

3. サザンブロッティング …………………………113
サザンブロッティングとは

プロトコール 37	ステップ1・制限酵素の消化とゲル電気泳動…114
38	ステップ2・メンブランへのトランスファーと固定…116
39	ステップ3・ハイブリダイゼーションおよび検出…119

4. DNAの標識 ………………………………………121
様々なDNAの標識法／反応のポイント

プロトコール 40	ランダムプライマー法…123
41	ニックトランスレーション…125
42	3′突出DNA末端の3′端標識法…126
43	5′突出DNA末端の3′端標識法…127
44	5′末端標識法…128

5. 培養細胞へのDNA導入 ………………………129
遺伝子の機能をみるための準備／基本データ

プロトコール 45	トランスフェクション法①リン酸カルシウム法…132
46	トランスフェクション法②リポフェクション法…133
47	トランスフェクション法③エレクトロポレーション法…134

第5章：RNAを用いる実験

1. RNA操作 …………………………………………135
分解されやすいRNA／RNAの扱い／RNaseの不活化／DEPC処理水／RNaseインヒビター

2. 細胞からのRNA抽出と精製 …………………138
細胞の用意

プロトコール 48	SDS-フェノール法（抽出の基本型）…139
49	AGPC（Acid-Guanidium-Phenol-Chloroform）法（GTCを用いる方法）…141
50	GTCを用いる抽出キット…143
51	タンパク質，DNAの分解操作を含む抽出方法…144
52	動物組織の処理…146

53 ポリ（A）⁺RNAの精製
（Oligo-dTラテックスを用いる方法）…147

3. 特異的RNAの検出 …………………………………… **149**
様々なRNA検出法

プロトコール 54 変性アガロースゲル電気泳動による
RNAの分離…150
55 ノザンブロッティング…152
56 RNaseプロテクション…154
57 RT-PCR…156

4. 標識RNA調製 …………………………………… **159**
RNAプローブ合成の概要

プロトコール 58 RNAプローブの合成…160

第6章：タンパク質に関する実験

1. タンパク質の濃度測定 …………………………… **162**
タンパク質の基本データ／タンパク質定量法の種類

プロトコール 59 比色法…163

2. タンパク質の取り扱い ………………………… **166**
タンパク質の取り扱いの基本

3. タンパク質濃縮法 ………………………………… **169**
様々なタンパク質濃縮法／沈殿による濃縮

プロトコール 60 硫安沈殿…171
61 アセトン沈殿…172
62 TCA沈殿…173

4. 低分子の除去 …………………………………… **174**
低分子を除去する方法

5. 細胞からのタンパク質抽出 …………………… **175**
小規模なタンパク質抽出の方法／細胞の破壊

プロトコール 63 抽出液の調製…177
64 細胞溶解液の作製…179
65 動物組織の処理…180

6. SDS-PAGE …………………………………… **181**
応用性の高いSDS-PAGE／ゲル濃度と分離能

プロトコール 66 ステップ1・SDS-PAGE用のゲルの作製…182
67 ステップ2・試料の前処理と電気泳動…184
68 ステップ3・CBB染色…185

7. 抗体を使ったタンパク質実験 …187
様々なタンパク質検出法

プロトコール 69 ウエスタンブロッティング…188
70 免疫沈降法…190

8. 組換えタンパク質 …192

プロトコール 71 大腸菌からの組換えタンパク質調製…193

第7章：大腸菌，プラスミド，ファージに関する操作

1. 大腸菌 …195
大腸菌の菌株

2. 培地 …199
培地の組成

プロトコール 72 培地作製法…200
73 IPTGとX-galを使ったカラーセレクション…202

3. 培養 …203
液体培養と菌の増殖／プレートでの培養／大腸菌の保存と輸送

4. プラスミド …208
プラスミドの様々な用途／プラスミドとは／主なプラスミドベクター／特殊プラスミド

5. プラスミドを細胞へ導入する …212
形質転換とは

プロトコール 74 ケミカルコンピテントセル作製法Ⅰ…213
75 ケミカルコンピテントセル作製法Ⅱ…214
76 トランスフォーメーション法…215
77 エレクトロコンピテントセル作製法…216
78 エレクトロポレーション…217

6. プラスミドの抽出，精製 …218
プラスミドの特性と抽出，精製法

プロトコール	79	フェノールを用いる簡易抽出法…219
	80	アルカリ溶解法（アルカリプレップ）…220
	81	ボイルプレップ…221
	82	大量精製法（アルカリ法と塩化セシウム密度勾配遠心法の組み合わせ）…223

7. ファージの利用 …226
λファージ／λファージベクター／M13ファージおよびベクター

プロトコール	83	プラークアッセイ…232
	84	ファージの増殖…233
	85	ファージDNAの調製…234

II部　実験に必要なデータ編

第1章：実験の基礎

Data	1	分子量，モル濃度，分子数 …238
	2	主な水溶性試薬の分子量…239
	3	主な水溶性試薬（市販品）の濃度…240
	4	水の電離とpH…242
	5	pH標準液…243
	6	主なバッファーの適用pH範囲…244
	7	様々なバッファーの組成表…245
	8	pH指示薬の変色域…249
	9	Tris-HClバッファーの温度によるpHの変化…249
	10	回転数と遠心加速度の関係…250
	11	オートクレーブの圧力と温度…251
	12	殺菌法…251
	13	放射能に関する単位…252
	14	生物学で使用されるRI…252
	15	主要RIの減衰率…254

第2章：DNAを扱う

Data 16	塩基，ヌクレオシド，ヌクレオチド	256
17	DNAに関する換算式	257
18	代表的DNAのデータ	258
19	核酸の吸光度	258

第3章：基本となるDNA実験

Data 20	制限酵素認識配列に関するクロスインデックス	259
21	制限酵素の性質	266
22	利用可能な主なメチラーゼ	275
23	主なDNAポリメラーゼの特性と用途	276
24	主なDNAポリメラーゼの反応液組成	278
25	主なヌクレアーゼの反応条件	279
26	主なヌクレアーゼの特性と用途	280
27	アクリルアミドゲル濃度とDNAの分離能（未変性ゲルの場合）	282
28	低分子用DNAサイズマーカー	283
29	変性ゲルにおける色素マーカーの移動度	284
30	アガロースゲルの分離能	284
31	種々のアガロースの用途	285
32	高分子用DNAサイズマーカー	286
33	ローターの特性	287
34	塩化セシウム溶液のパラメーター	288

第4章：DNA解析実験

Data 35	ヒト細胞中の核酸含量など	289
36	組織培養用抗生物質	289
37	培養器の容量	290
38	よく使われる株化細胞	291

第5章：RNAを用いる実験

Data 39	RNAのOD測定	292
40	分子量，重量，モル数，塩基数の換算	292
41	rRNAの大きさ	293
42	逆転写酵素の特性	293

第6章：タンパク質に関する実験

Data 43	遺伝コード（普遍コードを示す）	294
44	機能性コドンとミトコンドリアのコドン	295
45	アミノ酸データ	296
46	タンパク質の分子量とDNA長	298
47	タンパク質の吸光度と濃度の関係	299
48	主なプロテアーゼインヒビター	300
49	主な界面活性剤	302
50	硫酸アンモニウム濃度	304
51	0℃における種々の濃度の硫安溶液の作製	305
52	ゲルろ過担体の種類とその性能	306
53	SDS-PAGEで直線的に分離できるタンパク質のサイズ	307
54	SDS-PAGE用マーカータンパク質	308
55	抗体とプロテインA/G/Lとの結合	309
56	大腸菌において稀なコドンの真核生物での使用頻度	310
57	組換えタンパク質に使用されるタグ	310

第7章：大腸菌，プラスミド，ファージに関する操作

Data 58	培地1 l を作るのに必要な成分	311
59	汎用プラスミドの構造	312
60	ファージ用大腸菌	316

索引 317

I部
実験法の解説＋プロトコール編

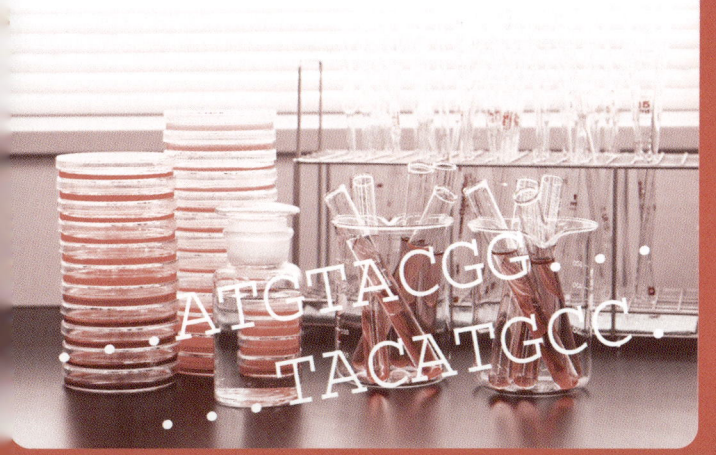

第1章-1
実験の準備

実験に必要な器具や水

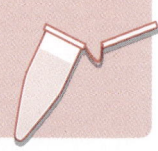

ベンチサイドに備えるもの

手の届く所に，以下のような物を用意する．

実験用小物

- ☐ 筆記用具
- ☐ ハサミやピンセット
- ☐ 紙やシート類
  （キムワイプなどのワイパー，ペーパータオル，大型ろ紙，プラスチックラップ，アルミホイル，パラフィルム）
- ☐ 定規
- ☐ テープ類
  （メンディングテープ，ビニルテープ，オートクレーブテープ）
- ☐ 使い捨て手袋
- ☐ ニップル
- ☐ タイマー（アラーム付）

実験器具

- ☐ エッペンドルフ製チューブに類するもの
  （0.2 ml, 0.5 ml, 1.5 ml, PCR チューブを含む）*
- ☐ コニカルチューブ
  〔底が円錐形になっているもの（15 ml, 50 ml）〕
- ☐ チューブラック
  （エッペン用，コニカルチューブ用）
- ☐ パスツールピペット
- ☐ ネジフタ付きチューブ
  （1.5 ml エッペン型，12 ml チューブ）
- ☐ プッシュロック式チューブ
  （4 ml, 12 ml）
- ☐ メスピペット
  （ガラスあるいはプラスチック製）
- ☐ マイクロピペッター用チップ
  〔10 μl（白），200 μl（黄），1 ml（青），5〜10 ml（白）など〕

*底が円錐形の反応チューブ/サンプリングチューブ．本書ではエッペン（エッペンチューブ）と記す．

実験道具

- ☐ ピストン式マイクロピペッター
  （ギルソン社のピペットマンなど：2 μl〜10 ml）
- ☐ 電動ピペッター
- ☐ ボルテックスミキサー
- ☐ 卓上マイクロ遠心機

実験に使う水

水のグレードは精製度合いに応じて主に3段階に分けら

れ，実験に応じて適当なものを用いる（表1-1-1）．

器具の材質

実験室で使用する器具の多くはプラスチック製で，いろいろな種類があるが，それぞれの材質は強度や耐薬品性が異なるので，実験に応じて材質を選ぶ（表1-1-2）．

ガラスは力学的にも比較的丈夫で（厚手のものはオートクレーブの気圧や高速遠心にも耐える），耐薬品性も高く〔フッ化水素，塩酸，苛性アルカリ以外はほとんど変質（色）しない〕，熱にも安定で，耐熱ガラスは直火でも使用できる．

表1-1-1 ●実験室で使用する水

水の種類	作製法，純度	用途
水道水	上水道の水そのまま	・予備すすぎと洗剤による洗浄 ・オートクレーブタンクの水
精製水	イオン交換水，1回蒸留水 比抵抗1 MΩ·cm以下	・器具のすすぎ ・大腸菌の培養
純水 (RX水)[*]	Millipore社のRX, RO, Elix システム（あるいは相当する機械）で作製比抵抗1〜10MΩ·cm RX水は活性炭，逆浸透膜，イオン交換を組み合わせて作り，蒸留水よりも純度が高い．	・電気泳動用バッファーや染色液など
超純水 (SP水)[*]	2回蒸留水はこの中間に位置する Millipore社のMilli-Q-SP, -Plusなど（あるいは相当する機械）で作製比抵抗17MΩ·cm以上 SP水はRX水をさらにメンブレンフィルターとイオン交換で精製したもの	・器具の最終すすぎ ・試薬の調製や酵素反応液 ・生化学的／分子生物学的解析 ・組織培養

[*]本書では便宜上このように記す
抵抗R（Ω）＝比抵抗P（Ω·cm）×長さL（cm）／面積S（cm²）で求める
比抵抗：電気の通しにくさ
本書ではMillipore社の純水製造装置で作製した水を基準とし，便宜上純水をRX水，超純水をSP水と記す．

表 1-1-2 ● 各種プラスチックの性質*1

	ポリエチレン (PE)	ポリプロピレン (PP)	ポリカーボネート (PC)	ポリスチレン (PS)	アクリル樹脂	フッ素樹脂
外観	白色	乳白色半透明	透明	透明	透明	透明（かすかに黄）
力学的強度	強	強	強*2	弱	強*3	強
<耐熱性>						
オートクレーブ	×〜△	○○○	△	××	××	○○○
100℃, 10分間	△	○○○	○○	△	×	○○○
90℃, 10分間	○	○○○	○○	○	△	○○○
<耐薬品性>						
濃硫酸	○	○	×	××	△	○○○
30％水酸化ナトリウム	○	○	×	○	×	○○○
クロロホルム	△	△	××	××	××	○○○
フェノール	△	○○	×	×	×	○○○
エタノール	△	○	○	△	×	○○○

○：影響なし，△：使用できるが，長期使用で変質・変形する，使わない方がよい，×：比較的短時間で変質，変形する．
××：禁忌．瞬時に変質，変形する

*1：いずれも熱に弱い．
*2：オートクレーブや凍結により強度が低下する．
*3：ただし弾性がなく，曲げる力に対しては弱い

第1章-2
溶液

溶液の作製から保存まで

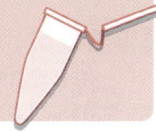

溶液の濃度

溶質が溶媒に均一に溶けている液体を溶液といい，その濃度は下記のように，種々の形式で表現される．

```
<濃度>
グラム濃度     : g/ml
％濃度（グラム％）: ％＝g / 100 ml
％濃度（容量％） : ％＝ml / 100 ml →主に液体試薬に使われる
モル濃度      : M＝mol / l →分子数の濃度で，分子量
                          が関係する
```

化学反応では分子数濃度を意味するモル濃度が多く使われる．モル濃度や分子数を求める場合は，データと式が必要である．（→ Data1 分子量，モル濃度，分子数， Data2 主な水溶性試薬の分子量， Data3 主な水溶性試薬（市販品）の濃度）

濃度に応じた溶液の作製

いずれの場合も，標準的には試薬を天秤で計り，それを一定量の溶媒（水など）に溶かして濃度を合わせる．容量％の場合だけ，溶質（液体）の量をメスシリンダーで計る．

溶液のpH（水素イオン濃度）

pHは理論的には水素イオン濃度の逆数の対数値だが，pH理論値を実測するのは不可能なため，実際にはpHメーターとpH標準液を用いて求める．→ **Data4** 水の電離とpH

pHメーターは前もって標準液によるpH調製を行う．極端に高い／低いpH以外は，pH 4とpH 7の標準液で調整する．→ **Data5** pH標準液

バッファーの作製

pHを安定化させる目的の溶液をバッファー（緩衝液）という．不完全電離する酸や塩基（弱酸や弱塩基）とその塩からなる混合液で，酸やアルカリを加えてpHを調整する．用いる試薬により緩衝作用を発揮するpH範囲が決まっている（→ **Data6**）．Goodバッファー類（HEPES, MOPSなど）は生体成分に近い．バッファー濃度は，緩衝作用をもつ塩（あるいは解離基）の濃度で表す．

【作製法】

方法1：pHを見ながら塩に酸やアルカリを混合して，まず少し濃いバッファーを作り，その後メスアップして希望濃度にする．

方法2：バッファー組成表がある場合は，それに従って溶液を混合する（→ **Data7**）．

第1章-2 溶液

プロトコール 1

溶液の作製と保存

溶液を作る場合は，秤量，溶解，メスアップ，保存容器へ移す（滅菌），保存場所への収納の順番に作業する．

『イラストでみる 超基本バイオ実験ノート』p.99〜107参照

手順

1. **秤量**：計り取る量より軽い風袋の上に試薬を載せて計る．充分な感度と精度が保てる天秤の感度の範囲で計る．
2. **溶解**：少なめの溶媒で完全に溶かす．発熱する場合は少しずつ溶かし，その後（吸熱する場合も含み）室温に戻す．
3. **メスアップ**：メスシリンダーに溶液を移し，残液を洗い込んでからメスアップする．液が均一になるように撹拌する．
4. **保存容器と滅菌**（ ☞1章-3）：通常の塩溶液は，耐圧ビンに入れてオートクレーブする．
5. **保存場所**：試薬の安定性や腐敗性などを考慮して適当な温度に保存する（室温〜−80℃）．光で変質しやすい（アクリルアミド，フェノールなど）ものは遮光する（褐色ビンを使用，アルミホイルでカバーする，光を遮断する場所に置く）．

注意 強酸や強アルカリ，揮発性物質，有機溶媒，腐食性物質や変性剤，凍結して保存するものなどはオートクレーブしない．熱に不安定なものはろ過滅菌する．

参考 pH測定の注意

pHは電極液注入口を開け，標準液は試料も室温にしてから測定する．液が動いているとpHの読みが変化する．温度補償機能（その温度で正しくpHが測定できるようにする機械上のしくみ）と各温度でのpHとは関係ない．

> **参考 pH 指示薬**
>
> 電離状態で色が変化する物質で溶液の大体のpHがわかる．これを染み込ませたろ紙がpH試験紙． → `Data8` **pH指示薬の変色域**

> **参考 温度や蒸発とバッファーのpH**
>
> 酢酸や塩酸などの揮発性試薬を使用したバッファーをオートクレーブする場合は，pHの変化を最小限にするように密栓する．なお，室温で合わせたpHが低温では変化していることに留意する． → `Data9` **Tris-HClバッファーの温度によるpHの変化**

memo

第1章-3
基礎的操作
覚えておくべき実験操作

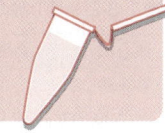

冷却・凍結

●不安定な高分子の場合

室温より温度を下げる場合は氷や冷蔵庫，さらには冷凍庫（-20～-150℃）や寒剤を用いる．不安定な高分子（タンパク質は5～20％のグリセロールを加える）の凍結は液体窒素で急速に行い（ただし培養細胞を生きたまま凍結する時は1℃/分づつ下げる），-80℃以下で保存する．

●凍結させずできるだけ低温で保存する場合

グリセロールを50％に加え，-20℃に保存する（表1-3-1）．

表1-3-1 ●バイオ実験で使用される寒剤

ドライアイス	-78.5℃（液体状態として冷やしたい時はアセトンやエチルアルコールを加える）
液体窒素	-195.8℃（コンテナ内の気体の部分：約-150℃）

遠心分離

遠心分離機は性能別に，低速遠心機，高速遠心機，超遠心機に分けられる（表1-3-2）．遠心機を使用する際，以下の点を毎回チェックする．

- □ 遠心管のバランスをとって，点対称の位置にセットしたか（スイングローターや超遠心機は特に）
- □ 試料が漏れる恐れはないか．フタを確実に閉めたか
- □ 遠心管の強度は充分か
- □ ローターを規定以上に回転させようとしてないか
- □ ローターを確実にセットし，ドアはキチンと閉めたか

表 1-3-2 ● 遠心機の種類

遠心機	最高回転数（rpm）	用途
低速遠心機	～5,000	大きな粒子，細胞などの沈殿
高速遠心機[*1]	15,000～25,000	エタノール沈殿，大腸菌等の沈殿 タンパク質の硫安沈殿など
超遠心機	20,000～100,000 （真空中でローターを回転させる）	ウイルス/ファージの沈殿， 細胞小器官，顆粒成分， DNAやタンパク質等の高分子

超遠心機はローターが真空中で超高速で回転し，操作を誤ると大事故につながるので，チューブの強度，バランスチェック，気密性維持や漏れ防止，ローターやフタ等の確実なセットなどは特に注意する．
＊1：簡易型として8,000～12,000rpmまで回転するものもある

> **注意** 運転中（特に加速中）に異音がしたら，すぐ「停止」ボタンを押す．
> チャンバーのフタはローターが停止するまでは絶対に開けない．

遠心力（遠心加速度：g）は **Data10** の計算式やノモグラフから求める．

滅菌と殺菌

●滅菌

タンパク質や核酸の破壊によりすべての生命体を死滅させる操作（表1-3-3）．通常使われる方法としては，熱を使うオートクレーブ，熱不安定な液体用のフィルター滅菌などがある．熱による滅菌ではRNaseを不活化させることもできる（☞5章-2）．→ **Data11** オートクレーブの圧力と温度

●殺菌

栄養型の微生物を殺すこと．煮沸や紫外線照射，あるいは薬剤を用いる．病原性微生物（ウイルスも含む）を殺すことは「消毒」という．→ **Data12** 殺菌法

表1-3-3 ●滅菌法の種類

熱による方法			
湿熱を使用	オートクレーブ〔高圧（蒸気）滅菌〕	121℃，20分（15〜60分）	熱に安定な水溶液，比較的熱に安定なプラスチックや実験器具，ガラスや金属，可燃性器具（木，紙），その他
	間欠滅菌（古典的パスツリゼーション）	（100℃，30分→1晩放置）×3回	
乾熱を使用	乾熱滅菌	180℃，60分（30〜120分）	金属，ガラス，テフロン，陶器など
	火炎滅菌	赤熱する（ガスバーナーなど）	金属（ピンセット，白金耳），ガラス
熱によらない方法			
フィルター滅菌		0.1〜0.24μmポアサイズのメンブレンフィルター	熱に不安定な水溶液，有機溶媒
γ線滅菌			種々の実験器具（大規模に行われる）
ガス滅菌		エチレンオキサイドガス	
その他の方法*			
濃いアルカリ溶液，塩酸・硝酸などの強酸，腐食性試薬などに長時間浸ける			ガラス器具，プラスチック器具など

＊あくまでも簡易的手段．以前はクロム硫酸も使われていた

第1章-4
ラジオアイソトープ実験

理論から取り扱いまで

はじめに

ラジオアイソトープ（RI）は試験管内反応をモニターしたり，分子の変化を追跡するトレーサーとして利用される．生体への影響等の理由によって，RIの使用は一定の規則の下で行われるが，正しく使えば問題は全くなく，研究を進める有用なアイテムとなる．

ラジオアイソトープとは

陽子数と中性子数で表される原子を核種といい（☞おもて表紙の裏 周期律表，参照），陽子数が同じ（すなわち同じ元素）でも中性子数の異なるものを同位体（アイソトープ）という（図1-4-1A）．エネルギー状態が高く不安定なアイソトープは，放射線を出して別の核種に変化するが（崩壊／放射崩壊という），このような核種を放射性同位体（元素）（RI）という．

3種類の放射線（α，β，γ線）があるが（図1-4-1B），通常扱われるものはβ線とγ線である．放射線を出す性質を放射能（放射活性）といい，単位はベクレル［Bq］である（以前はキューリー［Ci］を用いていた）．→ **Data13** 放射能に関する単位

放射能が半分になる時間を半減期という．半減期の10倍経つと放射能は約0.1％となり，実質的にほぼ無くなる．→ **Data14** 生物学で使用されるRI，**Data15** 主要RIの減衰率

A) さまざまな水素の同位体

$_1^1H$：水素（陽子＋中性子数／陽子数／元素記号）
$_1^2H$：重水素（安定同位体）
$_1^3H$：三重水素［トリチウム］（放射性同位体：RI）

B) 放射線の種類

a) α線 → $_2^4He$ ヘリウムの原子核
（原子番号が2つ減る）

b) β（β⁻）線 → ⊖ 電子線
（中性子が陽子に変わり，原子番号が1つ増える）

c) γ線 ～～～→ 電磁波

図 1-4-1 ● RIと放射線

バイオ実験におけるRI使用

●分子を標識する

　RIで分子を標識することを「ラベルする」という．in vivoとin vitroの両方の方法がある．in vivoラベルは生合成される分子の同定，標識化合物の調製，分子の変化を解析する（パルス-チェイス実験）ために使用される．in vitroラベル実験の場合は，生化学反応の追跡や，高レベル標識化合物を合成して構造解析や反応解析の基質を得るために使われる．核酸やタンパク質をラベルするいくつかの方法がある．（表1-4-1）．

『イラストでみる 超基本バイオ実験ノート』p.142参照

表1-4-1 ●核酸，タンパク質の主要なラベル法（*in vitro*法）

均一ラベル法*	DNA	DNA合成の基質（デオキシヌクレオシド三リン酸）のα位のリンを^{32}PにしたものをDNAポリメラーゼを使ってDNAに取りこませる
	RNA	RNA合成の基質（ヌクレオシド三リン酸）のα位のリンを^{32}Pにしたものを，RNAポリメラーゼを用いてDNAからRNAを合成（転写）する
	タンパク質	^{35}S標識システインかメチオニンをペプチド伸長反応に加える
末端ラベル法	DNA，RNA	ポリヌクレオチドキナーゼと［γ-^{32}P］ATPを用い，5´-OH部分にRI標識リン酸を取り込ませる
ポストラベル法	核酸，タンパク質	精製した核酸やタンパク質と標識ヨウ素を作用させ，非酵素的にヨウ素を（非特異的に）結合させる

**in vitro*ラベル法も，この方法に基づく

● RIの購入法

RIを購入する際には，①量（通常3.7MBq〜37MBqの範囲），②濃度，③比活性（比放射能：放射能/モル数），④RIとなっている原子の位置，⑤溶媒の種類（水溶液でない場合は，前処理が必要：『イラストでみる 超基本バイオ実験ノート』p.82参照）を確認のうえ，研究機関を通じて日本アイソトープ協会に注文を出す．RI製品はモル数としては少ない．

比活性の高い物質を*in vitro*で調製する場合はそのまま用いるが，反応を持続させるためには低比活性のものを用いるか，RI（ホット）を非RI（コールド）で希釈する．

● RIの測定法

RIの測定には，GMサーベイメーターや液体シンチレーションカウンター（液シン：β線専用），あるいはγカウンターを用いる．エネルギーの大きいβ線は（^{32}Pなど）シンチレ

ーター（放射線を光に変換する物質）を用いなくとも，自然に発するチェレンコフ光を液シン（トリチウムのレンジ）で直に測定することができる（ただし，計数効率が30％に低下する）．

取り扱いの注意

エネルギーの大きな放射線は体に悪いので，浴びる（被爆する）量を少なくするよう，防護に心掛ける．同じ放射線量でも，短時間で浴びる方が危険度が高い．放射線防護のポイントは以下の3点である．

> 【放射線防護の3原則】
> ・作業時間を短くする
> ・線源に近づき過ぎない
> ・遮蔽する

放射線は物質に当たると減衰する．γ線は透過性が強いが（^{131}I は薄い鉛の板も通過する），β線は小さい．（→ Data14 および図1-4-2）．この性質をもとに，エネルギーの強い放射線でも遮蔽物を用い，被爆を減らすことができる．

注意 ^{32}P を質量の大きな金属板（鉄など）で遮蔽すると，制動X線が出るので危険である．遮蔽には厚手のプラスチックを用いる．

A) β線の遮蔽

β線のエネルギー (MeV)	半分にさせるのに必要な 1cm²あたりの重さ(mg)	半分にさせるのに必要な厚さ (mm)		
		水	ガラス	鉛
0.1	1.3	0.013	0.025	0.0011
1.0	48	0.48	0.192	0.38
2.0	130	1.3	0.52	1.1
5.0	400	4.0	1.6	4.2

B) γ線の遮蔽

γ線のエネルギー (MeV)	鉛 (cm)		水 (cm)	
	半価層	1/10価層	半価層	1/10価層
0.5	0.4	1.25	15	50
1.0	1.1	3.5	19	63
1.5	1.5	5.0	20	70
2.0	1.9	6.0	23	75

半価層：半分にさせる厚さ (cm)，1/10価層：1/10にさせる厚さ (cm)

C)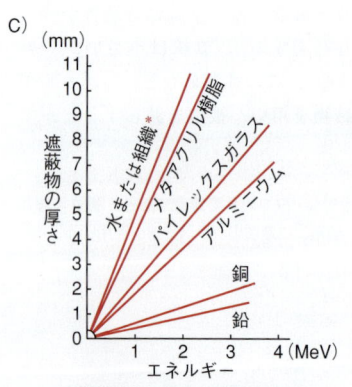

β線遮蔽物の厚さを決める目安

* 3 MeV＝15mm，4 MeV＝20mm

D)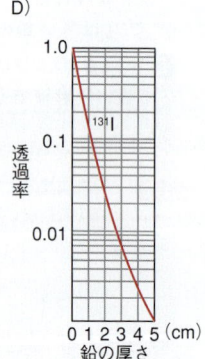

鉛による^{131}Iγ線の遮蔽

図 1-4-2 ●放射線の飛程と遮蔽

第1章-5
組換えDNA実験の安全性
バイオハザード実施の目安

組換えDNA実験とバイオハザード
●組換えDNA実験は法令の下で行われる

わが国がバイオセーフティに関するカルタヘナ議定書を批准したことにより、これまでの「組換えDNA実験指針」が廃止され、代わりに「遺伝子組換え生物等の使用等の規制による生物の多様性の確保に関する法律」とこれに関連するいくつかの法令が施行された。大学等で行われる組換えDNA実験は、平成16年2月19日からはこの法律の下で行うことが義務づけ

表 1-5-1 ●遺伝子組換え実験の区分と拡散防止措置のクラス（概要）

微生物使用実験
内容：キノコを除く微生物，原生生物，原核生物，ウイルス，ウイロイドを用いるもの 拡散防止措置：P1，P2，P3
大量培養実験
内容：微生物の遺伝子組換え生物等の使用のうち，培養規模が20 *l* 以上の設備を用いるもの 拡散防止措置：LSC，LS1，LS2
動物使用実験
内容：動物である遺伝子組換え生物に関わるもの 　1）動物作成実験―組換え動物の使用 　2）動物接種実験―動物がもつ組換え生物の使用 拡散防止措置：特定飼育区画，P1A，P2A，P3A
植物等使用実験
内容：植物である遺伝子組換え生物に関わるもの 　1）植物作成実験―組換え植物の使用 　2）植物接種実験―植物がもつ組換え生物の使用 拡散防止措置：特定網室，P1P，P2P，P3P

＊拡散防止措置は規準の緩い方から厳しい順に書いてある

られた（違反に対する罰則も設けられた）．一般の研究開発は2種使用（施設外部へ遺伝子組換え生物を拡散させないで行う使用．この措置をとらないものは1種使用という）に分類され，「2種省令」によって規制される．実験者は法令に従って実験計画書を提出し，承認や確認を得てから実験が開始できる（生命倫理・安全に対する取組 http://www.lifescience.mext.go.jp/bioethics/index.html 参照）．

●遺伝子組換え実験の区分，実験分類，およびとるべき拡散防止措置

①遺伝子組換え実験として表1-5-1の4つの区分が設けられており，それぞれについて実験分類ごとにとるべき拡散防止措置が定められている．なお DNA 増幅を，細胞を用いないで行う実験や同一生物種の核酸を用いた組換え実験，自然に起こる組換えに相当する実験等は遺伝子組換え実験とはしない．法令で定義する「生物」にはウイルスやウイロイドも含まれる．

遺伝子組換え実験の認定では，安全が想定されない実験や危険が予想される実験は大臣確認が必要だが，それ以外は機関承認でよい（1種使用は大臣承認が必要）．

②実験は危険度等から表1-5-2のように4つのクラスに分類される．なお，各クラスはそれぞれ宿主と核酸供与体に関する分類を含む．

③表1-5-2の実験分類を踏まえ，実験をどの拡散防止措置の下で行うべきかが決められる．例として，通常実施される微生物使用実験における拡散防止措置の規準を，クロスインデックスで紹介する（表1-5-3）．なお微生物を用いる宿主－ベクター系には，B1認定系（自然界での増幅能が低いEK1, SC1, BS1系など），B2認定系〔特殊な条件でのみ増幅可能な組合わせで，EK2（例：χ1776大腸菌とpBR322プラスミドの組合わせ等），SC2, BS2系がある〕，

表1-5-2 ●組換えDNAの実験分類（概略）

クラス1	
内容	哺乳類等に病原性のない微生物等で文部科学大臣が定めたもの，および動物と植物
例	動物に無害な一般的細菌，原虫，寄生虫，ウイルス，ファージ

クラス2	
内容	哺乳類等に対し病原性が低い微生物等で，文部科学大臣が定めたもの
例	ピロリ菌，サルモネラ菌，コレラ菌，B型肝炎ウイルス，HTLV，ワクシニアウイルス，トリパノゾーマ原虫

クラス3	
内容	哺乳類等に対し病原性は高いが伝播性が低い微生物等で，文部科学大臣が定めたもの
例	結核菌，チフス菌，ペスト菌，Bウイルス，HIV，SARSウイルス，黄熱ウイルス

クラス4	
内容	哺乳類等に対し病原性と伝播性の両方が高い微生物等で，文部科学大臣が定めたもの
例	エボラウイルス，ラッサウイルス，ロシア春夏脳炎ウイルス

非認定系の3種があり，この別によっても認定方法や拡散防止措置が異なる．

memo

表 1-5-3 ● 遺伝子組換え実験でとるべき拡散防止措置の区分

核酸供与体	微生物、きのこ類および寄生虫					動物（寄生虫を除くヒトを含む）	植物
宿主	新規病原性生物等	クラス4	クラス3	クラス2	クラス1	クラス1	クラス1
微生物 新規病原性生物等	大臣確認	大臣確認	大臣確認	大臣確認	大臣確認	大臣確認	大臣確認
微生物 クラス4	大臣確認	大臣確認	大臣確認	大臣確認	大臣確認	大臣確認	大臣確認
微生物 クラス3	大臣確認	大臣確認	①②③④⑤→大臣確認 その他→P3（⑥→P1）	①②④⑤→大臣確認 その他→P3（⑥→P1）	③④⑤→大臣確認 その他→P2（①→P3）	③④⑤→大臣確認 その他→P2（①→P3）	③④⑤→大臣確認 その他→P2（①→P3）
微生物 クラス2	大臣確認	大臣確認	①②④⑤→大臣確認 その他→P3、⑥→P1	④⑤→大臣確認 その他→P2（⑥→P1）	④⑤→大臣確認 その他→P1（①→P2）	④⑤→大臣確認 その他→P1（①→P2）	④⑤→大臣確認 その他→P1（①→P2）
微生物 クラス1 認定宿主ベクター系以外	大臣確認	大臣確認	⑤→大臣確認 その他→P3（⑥→P1）	⑤→大臣確認 その他→P2（⑥→P1）	⑤→大臣確認 その他→P1	⑤→大臣確認 その他→P1	⑤→大臣確認 その他→P1
微生物 クラス1 B1認定系	⑦以外→大臣確認 ⑦P1（⑥による）	大臣確認	⑤→大臣確認 その他→P3（⑥→P1）	⑤→大臣確認 その他→P2（⑥→P1）	⑤→大臣確認 その他→P1	⑤→大臣確認 その他→P1	その他→P1
微生物 クラス1 B2認定系	⑦以外→大臣確認 ⑦P1（⑥による）	大臣確認	⑤→大臣確認 その他→P1	その他→P1	その他→P1	その他→P1	その他→P1

①認定宿主ベクター系を用いていない遺伝子組換え生物で、供与核酸が哺乳動物等の病原性や伝達性に関係し、病原性が未同定と考えられるもの

②認定宿主ベクター系を用いていない遺伝子組換え生物で、核酸供与体の実験分類がクラス3で、かつ核酸分類が未同定のもの

③宿主実験分類がクラス2の遺伝子組換え生物（ウイルス、ウイロイドを除く）で、供与核酸が薬剤耐性遺伝子を含むもの

④増殖能、感染能をもつウイルス、ウイロイドに対し毒性（$LD_{50}=100\,\mu g/kg$ 以下）のあるタンパク質性毒素遺伝子等、その使用を通じて増殖するもの

⑤供与核酸が哺乳動物に対し毒性（$LD_{50}=100\,\mu g/kg$ 以下）のあるタンパク質性毒素遺伝子または $100\,ng/kg$ を超えるタンパク質性毒素遺伝子を含む大腸菌の宿主ベクター系を用いた遺伝子組換え生物等で、供与核酸を用いた遺伝子組換え以外のものを除く

⑥供与核酸が同定済みで、かつ哺乳動物等の病原性、伝達性に関係しないもの

⑦核酸供与体が同定済み、かつウイルス、ウイロイド以外の遺伝子組換え生物、哺乳動物等の病原性、伝達性に関係しないもの

第2章-1
DNAの性質
ヌクレオチド構造から安定性まで

DNAの構造

　　DNAの単位はヌクレオチドである（図2-1-1，Data16　塩基，ヌクレオシド，ヌクレオチド）．DNA合成の基質は三リン酸型のヌクレオチドで，重合する時にはピロリン酸が除かれ，前の糖の3′位と次の糖の5′位がリンジエステル結合で連結される．DNA鎖は塩基の相補性（A：T，G：C）により，塩基を内側にして2本の鎖が水素結合で結合する（図2-1-2）．

　DNAに関する換算式と，代表的なDNAデータをData17，Data18に記したので参照されたい．

memo

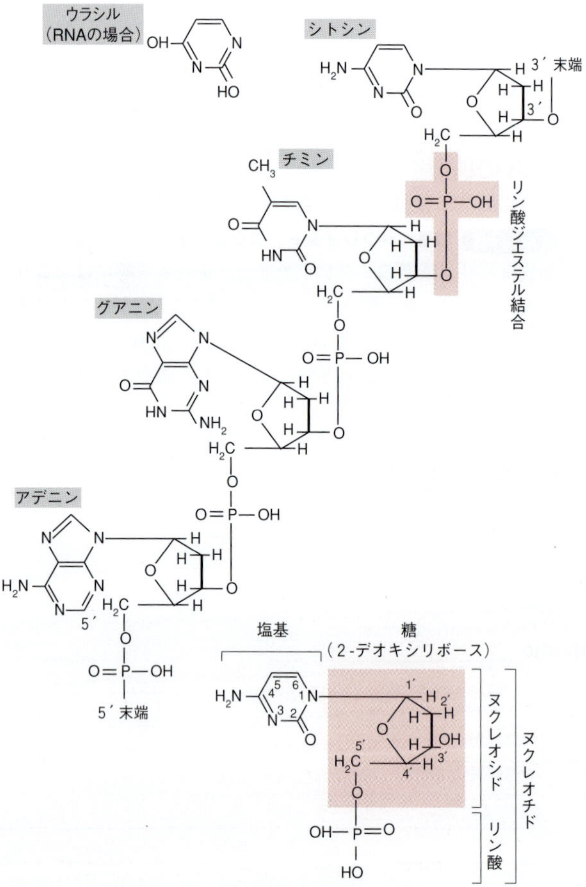

図2-1-1 ● ヌクレオチドとDNA鎖の構造

ヌクレオチドは糖（デオキシリボース）の1′位にNグリコシド結合で塩基が，5′位にリン酸が結合する構造をもつ．リン酸は3個までつくことができ，塩基にはプリンに属するアデニン [A] とグアニン [G]，ピリミジンに属するシトシン [C]，チミン [T]（RNAでは代わりにウラシル [U]）の4種類がある（表2-1-1）

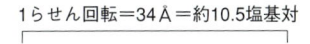

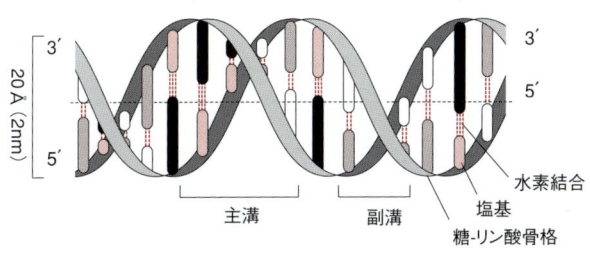

図2-1-2 ● DNAの二重らせん構造
二本の鎖の各鎖方向性は逆になり，分子全体はピッチ10.5塩基対の右巻きのらせん（B型DNA）構造をとる

表2-1-1 ● ヌクレオチドコード

コード	内容・意味	相補的ヌクレオチドのコード
A	アデノシン	T
G	グアノシン	C
C	シチジン	G
T	チミジン	A
Y	ピリミジン（C&T）	R
R	プリン（A&G）	Y
W	weak（A&T）	W
S	strong（G&C）	S
K	keto基をもつ（T&G）	M
M	amino基をもつ（C&A）	K
D	not C	H
V	not T	B
H	not G	D
B	not A	V
X/N	不特定	X/N

核酸の Tm

50％が変性する温度を Tm（melting temperature：融解温度）といい，天然の DNA はおよそ 80 〜 85 ℃．二本鎖核酸の Tm は表2-1-2のように求める．

表2-1-2 ● Tmの算出法

ハイブリッド系	式[*1]
DNA-DNA	Tm＝81.5℃＋16.6 log [Na$^+$]＋0.41 [%GC] －0.61 [%for]－500／N
DNA-RNA	Tm＝79.8℃＋18.5 log [Na$^+$]＋0.58 [%GC] ＋11.8 [%GC]^2－0.50 [%for]－820／N
RNA-RNA	Tm＝79.8℃＋18.5 log [Na$^+$]＋0.58 [%GC] ＋11.8 [%GC]^2－0.35 [%for]－820／N
オリゴヌクレオチド[*2]	Tm＝[2℃×（AとTの数）]＋[4℃×（GとCの数）]

[*1]：この式は Na$^+$ 濃度0.01〜0.4M の間，GC 含量30〜75％で有効．N は二本鎖部分の塩基対数．[%for] はホルムアミドの％濃度．トリス塩基では Na$^+$ 濃度の0.66倍として計算する．

[*2]：14〜25ヌクレオチド．それ以上は DNA-DNA で計算

> **参考 ホルムアミドの添加と Tm**
> ホルムアミド１％添加につき，DNA-DNA ハイブリッドの Tm が0.61℃低下する

第2章-2
操作の基本

DNAを扱う場合のごく基本的な事柄

取扱いの注意

DNAは安定な物質だが，それでも取り扱う時には注意が必要である．また紫外線吸収という性質を利用して，吸光度測定によりDNAの濃度や純度を求めることができる．

DNAの安定性とハンドリング

DNAの不安定化には化学変化（共有結合が関わるもの），切断，変性（表2-2-1）がある．切断でも物理的な要因による場合は剪断（shearing），リン酸ジエステル結合の加水分解による切断は分解という．実験は安定性を踏まえて行うが（表2-2-2），不安定条件を用いてDNAを除くこともできる．

表2-2-1 ● DNAの性質と安定性

性質	
粘性	繊維状のため，溶液は粘性をもつ．高分子DNAは特に顕著
吸着性	ガラスに吸着しやすい．ssDNAはdsDNAと比べていろいろな素材（ニトロセルロース，ゲルろ過担体，ろ紙など）に結合しやすい
切断	
物理的な力	強い撹拌や超音波で500bp程度に剪断される
ピペット操作	プラスミドなどは影響がないが，高分子DNAは剪断される
不純物	重金属，フリーラジカル（フェノール分解物など）で剪断される
熱	沸騰水中で剪断が起こる

次ページへ続く

凍結状態	安定．ただ，水の結晶化に伴って僅かに剪断される（高分子DNAは顕著）
pH	pH7.0～8.0付近で最も安定．アルカリ性では変性し，高温では塩基修飾が起こる 強酸中ではプリン塩基の脱落とそれに続く剪断が起こる（デプリネーション）
電離放射線	X線，γ線
酵素	各種DNase*．大部分のDNaseはMg^{2+}，Ca^{2+}などの2価金属イオン要求性なので，キレート試薬（クエン酸，EDTAなど）は酵素を不活化できる
生理活性物質	抗生物質（アドリアマイシン，ブレオマイシンなど），アルカロイド（エトポサイドなど），その他
化学変化	
紫外線	ピリミジン二量体の形成（剪断も起こる）
チジウムブロマイド	エチジウムブロマイド結合DNAは，可視光と酸素で光酸化される
変性	
変性要因	水素結合切断試薬〔尿素，ホルムアルデヒド，ホルムアミド，ジメチルスルフォキサイド（DMSO），水銀塩，など〕，高温，高pH（強アルカリ）
二本鎖安定化要因	1価陽イオン（Na^+，K^+，Li^+，アンモニウムイオン，など）添加，低温（4℃）
酵素による変性	各種DNAヘリカーゼ，大腸菌RNAポリメラーゼ，など

*皮膚には僅かな量のDNaseが存在するが（手袋着用の理由），RNAと比べれば目立った分解の原因とはならない．
器具にも極微量のDNaseが付着しうるが，ほぼ無視できる

> **参考 DNAの剪断法（シアリング）**
> ①シリンジを使い，G25針を激しく10回通過させる
> ②超音波処理を30秒で10回行う

表2-2-2 ● DNA ハンドリングの指針

容器・器具	プラスチック[*1]	温度	4℃(〜室温)[*1]
溶解液	TE[*1](滅菌済み)	pH	中〜微アルカリ性(pH7.0〜8.0)[*1]
ピペッティング	穏やかに[*2]	ボルテックス	最小限にする[*2]
手袋	使用した方がよい[*3]	器具の滅菌	した方がよい[*3]
光	直射日光,紫外線を避ける	凍結融解	最小限にする[*2]

[*1]：特別な理由が無い限り、守る
[*2]：高分子DNAの場合は極力控える。先端の太いチップを使用する
[*3]：通常実験で清浄な器具等使えば、あまり神経質にならなくてもよい

DNAの溶解と保存

溶解：DNAの安定性と実験のしやすさを考慮し，通常はTE（TEバッファー）に溶解する．EDTAは重金属の直接の影響や二価陽イオンで活性化されるDNaseの働きを抑える．通常溶解液には塩は加えない^{注意}．次の反応への影響を少なくしたり，安定性をより高めるために，それぞれ$0.1 \times$ TEや$T_{50}E_1$を用いることもある．

- TE → 10 mM Tris-HCl (pH 8.0), 1 mM EDTA
- 0.1×TE → 1 mM Tris-HCl (pH 8.0), 0.1 mM EDTA
- $T_{50}E_1$ → 50 mM Tris-HCl (pH 8.0), 1 mM EDTA

TEの調製法 ➡ 『バイオ試薬調製ポケットマニュアル』p.50 参照

注意 高濃度の塩があると酵素反応などに不都合が出る．塩がないと部分的に変性が起こるが，実験には支障はない

保存：TEバッファー中で保存する．高分子DNAは4℃で保存するが（長期の場合は-80℃），プラスミドなどは4℃〜-20℃でよい．この他エタノール沈殿の状態で保存する方法や，50%エタノール溶液の状態（-20℃）で保存することもある．

容器と濃度：プラスチック容器を使用し，DNA濃度を低くしすぎない．

プロトコール 2
DNAを送る

　DNAを送る場合，プラスミドであれば室温で問題ない．チューブが潰れないように注意する．プラスチックバッグに入れて，熱でシールしてもよい．グラスフィルターに吸着させ，塩溶液でDNAを溶出，回収する方法もある．

手順：フィルターを使用するDNAの輸送と回収

1. 少量のDNA溶液を滅菌したグラスフィルター（Whatman社 GF/C）片に染み込ませる
2. 清浄なバッグに入れ，室温で送る
3. 0.1 M NaCl*（あるいは0.3 M 酢酸ナトリウム）入りTEに浸して，時々撹拌しながら10分間保温してDNAを溶出
   *フィルターがDEAEセルロース（Whatman社 DE81）の場合は0.5Mとする
4. スピンダウンして上清を回収し，エタノール沈殿する

　RNA，高分子DNAなどの不安定な核酸は，50％エタノール溶液にするか，エタノール沈殿の状態にし，（保）冷剤を入れる．

手順：不安定な核酸のエタノール溶液での輸送と回収

1. 核酸溶液と等量のエタノールを加える（塩は加えない）
2. ドライアイスで遠巻きに冷やし，輸送する
3. 回収する場合は適当な塩を加える（通常濃度の半分）
4. エタノールを等量加えて沈殿させる

プロトコール 3
吸光度測定による DNA の定量

DNAが紫外部の光を吸収する性質を用いてDNA濃度を求めることができる．エチジウムブロマイド（EtdBr）はDNAに結合し，紫外線を受けるとオレンジ色の蛍光を発するので，DNAの視覚的検出に多用される．

吸収極大波長は260nm．二本鎖DNA，一本鎖DNA，RNAは Data19 のように濃度を求める．

手順：DNAの濃度測定とその注意点

1. 分光光度計用キュベットは紫外線を通す石英製を用いる
2. 260 nmの吸光度（OD_{260}，A_{260}）を測定する．純度検定のため，280 nmの吸光度も測定する．
3. 希釈率と Data19 の換算式から元液の濃度を求める

> 例：DNA100倍希釈で OD_{260} が 0.37
> → $0.37 \div 0.02 \times 100 = 1850\ \mu g/ml = 1.85\ mg/ml$

注意 極めて薄いDNAをカラムクロマトグラフィー等でモニターする場合は，160～180 nmの波長も用いられる．

260 nmと280 nmの吸光度からDNAの純度がわかる．天然のDNAは $OD_{260}/OD_{280} = 1.8$〜2.0 の範囲に入る．この比が1.8以下の場合はタンパク質の混入，フェノールの残存，エタノールの残存が考えられ，2.0以上の場合はRNA（$OD_{260}/OD_{280} = 1.9$〜2.1）の混入が考えられる．

プロトコール 4
エチジウムブロマイドによるDNAの検出

　エチジウムブロマイド（EtdBr）はDNA二本鎖の間に挿入する形で結合する．紫外線を受けてオレンジ色の蛍光を発するのでDNAの在処を目視できる．紫外線ランプの波長は以下を基準に選択する．数 ng のバンドも検出できる．

- 短波長［254 nm］蛍光強度は強いがDNAにニックが入りやすい
- 中波長［302 nm］蛍光強度がある程度強く，ニックも入りにくい
- 長波長［365 nm］DNAへの傷害はあまりないが蛍光強度が弱い

　毒性があり，取り扱いに注意する．他の染色剤であるサイバーグリーン254はEtdBrに比べて毒性が少なく，感度も数倍高い．試薬原液を1万倍に希釈して用い，検出には短波長の紫外線ランプを用いる．

＊塩素剤（次亜塩素酸ナトリウムなど）で無毒化できる（深紅色が無色になる）

準備

● EtdBr 溶液〔保存溶液：10 mg/ml（冷暗所に保存）〕
EtdBrの調製法 ➡『バイオ試薬調製ポケットマニュアル』p.70参照
① ゲルの染色時には 1 μg/ml に希釈して使用（☞ 3章-4，5参照）
② 塩化セシウム平衡遠心によるDNA分離時には 100 μg/ml に希釈して使用（☞ 3章-6参照）

第2章-3
沈殿濃縮法
DNAを沈殿させる種々の方法

原理と概要

●原理

核酸は水中で水素イオンを出してリン酸基が解離し，自身は強く負に荷電して高い溶解性を示す．DNAを不溶化させるにはDNAの水和度を下げ（疎水性を高める），核酸の電荷を中和させる．水和を下げるためにはアルコール類を加え，電荷を消すためには一価陽イオンを加える．この操作により核酸はそれらの塩となって凝集，沈殿する．

●沈殿の回収

沈殿は時間をかけるか，温度を下げると熟成し，遠心分離の時間を短縮できる．遠心分離による沈殿回収に必要な遠心力の強さは，DNA濃度や沈殿サイズで異なり，目で見える大きな沈殿であれば低速遠心でも充分だが，極端に薄い場合には超遠心が必要となる．

> **参考　キャリアー**
>
> 試料が薄い場合，実験に影響しない高分子物質（キャリアー）を20～50μg/mlに加え，試料と共に共沈殿させることがある．大腸菌や脊椎動物のDNA，酵母RNA，タンパク質（コラーゲン）や多糖類（グリコーゲンやセファデックス懸濁液の上清），あるいは専用の商品（ニッポンジーン社のエタチンメイトやTaKaRaのGenとるくんなど）などが用いられる．

プロトコール 5

エタノール沈殿 【通称：エタ沈】

準備

- 3 M 酢酸ナトリウム（pH 8.0）
- 冷（−20℃）エタノール
- 70％冷エタノール

試薬の調製法 ➡ 『バイオ試薬調製ポケットマニュアル』
p.25，p.69 参照

手順

1. DNA 溶液に酢酸ナトリウムを 0.3 M になるよう加える（NaCl の場合は 0.1 M）
2. 2〜2.5 倍量のエタノールを加え，良く混ぜる
3. 沈殿を熟成後 15,000 rpm，20 分間，4℃で遠心分離する
4. 上清をピペットチップで吸い取る
5. 70％冷エタノールを加えて良く撹拌し，沈殿を洗う[注意1]（エタノールリンス）
6. 再び遠心分離（15,000 rpm，10 分間）を行い，上清を除いた後[コツ]，沈殿を乾燥させる．デカンテーション後しばらく放置するか，減圧濃縮用遠心機を用いる（表 2-3-1）
7. 沈殿を TE に溶かす[注意2]

注意 1：リンスをする場合，沈殿が滑りやすいので注意．
2：沈殿が多い時は完全に乾く前に溶解液で溶かす．さもないと，非常に溶け難くなる．生（なま）乾きでもエタノールは蒸発しているので問題ない．

コツ 上清除去はデカンテーションでもよい．残液を確実に除くには，スピンダウン後ピペットチップを用いる．大量のチューブの液の吸い取りにはアスピレーターを使用する．（参考書籍：『イラストでみる 超基本バイオ実験ノート』，『改訂 遺伝子工学実験ノート 上巻』，参照）．

表2-3-1 ●エタノール沈殿の熟成と遠心の条件

DNA濃度[*1]	熟成条件[*2]	遠心の条件（4℃）
標準的DNA濃度 1 μg/ml以上	−20℃，20分 もしくは −80℃，10分	15,000rpm，20分
濃いDNA 数10 μg/ml以上 数100 μg/ml以上	4℃，20分	8,000〜15,000rpm，10分 3,000〜10,000rpm，10分
薄いDNA 1 μg〜数10ng/ml 数10ng/ml以下	−20℃，60分 もしくは −80℃，15分[*3]	15,000〜20,000rpm，30分 20,000〜50,000rpm，30分
沈殿できるDNAの最小サイズ 0.3M酢酸ナトリウムを用いた場合：8 bp 0.5〜2M酢酸アンモニウムを用いた場合：50 bp		

*1：サイズによっても異なる．低分子ほど回収しにくい．
*2：遠心分離の条件の方が重要．
*3：凍らないように注意．

プロトコール 6

イソプロパノール沈殿

　エタノールより疎水性が高いイソプロパノール（2-プロパノール）でDNAを沈殿させる方法がある．エタノールに比べ少量で済む．蒸発しにくいため，一般にはエタノールリンスによりイソプロパノールを除去する．

手順*

1. エタノール沈殿と同様に（上述）DNA溶液に塩を加える
2. 0.7～1.0倍量のイソプロパノールを加え，よく混ぜる
3. 15分放置し，エタノール沈殿と同様に遠心分離する
4. 上清を捨てた後，エタノールリンスを1～2回丹念に行う
5. 遠心で沈殿を回収した後，乾燥，溶解する

*基本的に室温で操作する

memo

プロトコール 7

PEG沈殿　【通称：PEG沈】

ポリエチレングリコール（PEG：ペグ）はDNAの水和水を奪って，DNAの凝集・沈殿させる．短い核酸は沈殿しないので，プラスミドの調製やオリゴヌクレオチドや低分子の除去に用いられる．PEGはクロロホルムで除去し，DNAはエタノール沈殿する．

準備

- PEG混合液（13% PEG6000-0.8 M NaCl)　●TE　●フェノール（Tris-フェノール）／クロロホルム混合液　●エタノール沈殿用試薬（上述）

　　PEG混合液 ➡『バイオ試薬調製ポケットマニュアル』p.72参照
　　　　　　フェノール／クロロホルム混合液 ➡ 上記書籍 p.68参照

手順

1. DNA溶液に等量のPEG混合液を加えよく混合し，4℃で1時間放置する
2. 15,000 rpm，20分（4℃）の遠心分離で沈殿を回収する．上清は丁寧に除く
3. 少量のTEに溶かし，フェノール／クロロホルム抽出を行う（☞2章-5参照）．再度クロロホルム抽出を行い，PEGをより確実に除いてもよい[注意]
4. 上層（水層）を回収し，エタノール沈殿，エタノールリンスを行い，少量のTEに溶解する

注意　PEGが残るとライゲーションなどの酵素反応を阻害する

第2章-4
その他の濃縮法
沈殿法以外のDNA濃縮法

簡便な3つの方法

DNAは比較的安定なので,簡便にできるいくつかの濃縮法がある.
① 水分を蒸発させる方法で遠心濃縮機を用いる
② 有機溶媒で脱水する方法
③ 担体に吸着後少量の液で溶出する方法で,DEAEセルロースを用いる

いずれも塩類などの低分子物質が濃くなるため,その除去が必要になる.

プロトコール 8
遠心濃縮機による濃縮

　減圧で水分を蒸発させる最も基礎的な濃縮法．なお一本鎖DNAやRNAは吸着性が高いため，透析チューブや限外ろ過器は一般には使用しない．

　エッペンチューブ内の溶液を濃縮させる．遠心力をかけることにより，突沸を抑える．

準備

- エッペンチューブ専用の遠心濃縮機*
- パラフィルム
- 滅菌精製水

*オイルレス真空ポンプ式のもの（サーバント社，和研薬）や冷却トラップに油回転ポンプを組み合わせたもの（トミー精工）などがあるが，メンテナンスの点から前者が使いやすい．

手順

1. DNA溶液の入ったエッペンチューブを，針で穴を開けたパラフィルムで覆う（液量は入れ過ぎないように）
2. ローターに入れて回転させ，真空ポンプをONにする（加熱すると濃縮時間を短縮できる）
3. 真空を解除した後，ローターを停止させる
4. 乾固してしまったら，少量のSP水で溶かし回収する

注意 エタノールは簡単に除けるが，水の場合，多少時間がかかる．

プロトコール 9

有機溶媒による脱水

　水を溶かすことのできる有機溶媒を加えて水を有機層に移し，液量を減らす．

準備
- ブタノール（n-ブタノールあるいは2-ブタノール）

手順
1. 試料と等量のブタノールを加え，撹拌後フラッシュ（一瞬）遠心する
2. 上層（ブタノール層）を捨て，再度等量のブタノールを加えて遠心する
3. この操作により水層が減っていく（ブタノールを入れ過ぎて水層が消えても，水を少量加えて撹拌すればDNAを回収できる）
4. エタノール沈殿か有機溶媒除去（☞プロトコール10）でブタノールを除く

プロトコール 10
有機溶媒除去（プロトコール 9 や 11 の後行う）

フェノール，ブタノールなどの有機溶媒をエーテルを用いて除く簡便法．

準備
- ドラフトチャンバー
- 水飽和エチルエーテル

手順
1. ドラフト内で試料にエーテルを加え撹拌する
2. 静置し，上清（エーテル）を捨てる
3. この操作をあと 2〜3 回行う
4. 残存エーテルを揮発させる〔完全に除くには，数分間遠心濃縮機にかけるか，加温する（50〜60 ℃，30 秒）〕

> **参考** 吸着を利用する方法
>
> DEAE セルロースに DNA を吸着させ，少量の液で溶出する（☞ プロトコール 16）．10 μg の DNA も，0.1 ml のカラムで足りる．ブルーチップと石英綿を使って 0.1 ml のマイクロカラムを自作できる『改訂 遺伝子工学実験ノート 上巻』p.34 参照．

第2章-5
抽出による精製

核酸を精製する一般的方法

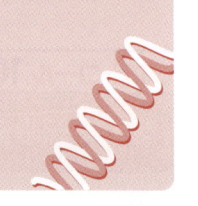

原理と概要

●原理

　　DNAからタンパク質を除去して精製する方法の中心は，フェノールなどの有機溶媒による抽出で，震盪撹拌後，遠心力によって水層と有機層を分離する．DNAは安定なため水層に残るが，タンパク質は変性して中間層に残る．有機溶媒はフェノールやクロロホルムといった水より重い物質なので，水層は基本的に上層となる．

●タンパク質の解離

　　DNAとタンパク質の解離は界面活性剤（SDSなど），塩，キレート試薬（EDTAなど）で促進されるため，抽出する時にはこれらの試薬を加える．

●DNAをさらに精製する方法

　　すでにDNAとなった後の試料をさらに精製する方法を述べ，細胞からのDNA抽出法は3章に記す．

回収率や精製度をあげるコツ

●回収率が悪い場合

　　溶液量を増やし，抽出操作や遠心操作を充分に行う．

●純度が低い場合

　　①フェノールの量を増やす．②抽出操作や遠心操作を充分に行う．③中間層を吸い取らない．NaCl（0.1〜0.2 M），EDTA（1〜10 mM），SDS（0.2〜1%）を加える．④あらかじめプロテナーゼK処理を行う（☞ 4章-2）．

プロトコール 11

フェノール抽出（標準的な抽出操作）

準備

- Tris-フェノール^{注意}
- 遠心分離機

> **注意** 0.1%キノリノール含有．使用する時に室温に戻さないと水分を吸収するので収量が下がる恐れがある（『バイオ試薬調製ポケットマニュアル』p.65 参照）

手順

1. 試料に Tris-フェノールを等量加え，30 秒間ボルテックスするか，手で激しく震盪する^{注意}
2. 10,000 rpm，10 分，室温で遠心分離する^{コツ}
3. 水層（上層）をとり，新しいチューブに移す
4. 中間層に不溶性物質が出る場合，上の ❶ 〜 ❸ の操作を数回繰り返す
5. 後処理として，エタノール沈殿を行う
6. 標品中にフェノールが残るので，下記のいずれかの方法で除く
   ① フェノール／クロロホルム抽出かクロロホルム抽出（☞プロトコール12，13）を 1〜2 回追加する（さらに精製でき，またフェノールをクロロホルムに溶かす）
   ② エタノール沈殿を 2 度行うか，エタノールリンスを徹底的に行う
   ③ 透析を一晩行う
   ④ 他の精製法を組み入れる（☞プロトコール10）

> **注意** フェノールやクロロホルムは有害なので，手袋をして操作する．
> キノリノールの黄色が褐変した Tris-フェノールは使えない．

> **コツ** 混入タンパク質の量や状態（単に混在しているか，あるいは DNA に強く結合してるか）により，抽出時間や遠心時間を適宜短縮，あるいは延長する．回収率は通常約 80%だが，50%を切る場合もある（前頁の「回収率や精製度をあげるコツ」参照）．

プロトコール 12
フェノール／クロロホルム（クロロパン）抽出

　DNA 精製効果はフェノール抽出に比べ低いが，水層との分離がよく，水層へのフェノールの混入も少ない．単にタンパク質が混在している DNA 試料では，この方法で充分．

準備
- Tris-フェノール／クロロホルム混合液（クロロパン：chloropane）（『バイオ試薬調製ポケットマニュアル』p.68 参照）
- 遠心分離機

手順
1. 試料にクロロパン^{注意}を等量加え，30 秒間ボルテックスするか，手で激しく震盪する
2. 10,000 rpm，5 〜 10 分遠心分離する
3. 水層（上層）をとり，新しいチューブに移す
4. 中間層に不溶性物質が出る場合，上の ❶ 〜 ❸ の操作を数回繰り返す
5. 後処理として，エタノール沈殿を行う
6. 標品中にフェノールが残存する可能性があるので，エタノール沈殿か，エタノールリンスを 2 度以上行う

注意　クロロパンは有害なので，手袋をして操作する．
キノリノールの黄色が褐変したものは使えない．

プロトコール 13

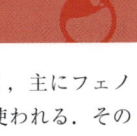

クロロホルム抽出

クロロホルムはタンパク質変性作用が弱く，主にフェノール抽出の後処理，あるいは PEG の除去に使われる．そのまま使わず，イソアミルアルコールを 4％加えたもの（クロロホルム‐イソアミルアルコール：CIA）を用いる（『バイオ試薬調製ポケットマニュアル』p.67 参照）．抽出方法はクロロパン抽出に準ずる．

細菌類から DNA を抽出する時には，クロロホルム抽出を行う〔マーマー（Marmur）法〕．

手順：Marmur 法のプロトコール

1. 細菌を 0.15 M NaCl，0.1 M EDTA（pH 8.0）に懸濁し，2％ SDS を加え，60℃・10 分で溶菌させる．あらかじめ 0.4 mg/ml リゾチームを加え，室温で数分処理して溶菌しやすくしてもよい
2. 氷冷後，過塩素酸ナトリウムを 1 M 加え，等量の CIA を加えてよく震盪する
3. 12,000 rpm，15 分，遠心分離の後，上清を回収する（粘性があるので先の太いピペットを使用）
4. 2 倍量のエタノールを加え，ガラス棒に DNA 沈殿（繊維）を巻き付ける
5. DNA 沈殿を 70％エタノールでリンスする
6. 風乾した後，TE に溶かす（量が多いと時間がかかる）

文献：Marmur, J.：J. Mol. Biol., 3：208, 1961

第2章-6
その他の精製法

抽出以外の不純物除去法

はじめに

DNA溶液中に混在している物質を除く．代表的DNA精製法を表2-6-1に記した．低分子物質の除去は，DNA濃縮操作を行った後には必ず行わなくてはならない．

●原理と方法

DNAは「高分子でガラスに吸着し，強く負に荷電して，水和水を奪うと沈殿する」という性質をもつため，この性質

表2-6-1 ●ベンチトップの作業でDNA試料から不純物を除く方法[*1]

操作目的	方法	使用するもの
低分子物質[*2]の除去	透析	透析チューブ
	ゲルろ過	セファデックスG25〜5
	エタノール沈殿	エタノール
負に荷電しているもの以外の除去	DEAEセルロースカラムクロマトグラフィー	DE52（Whatman社）
ガラスに吸着するもの以外の除去	酸性条件下，NaIなどの塩存在下でDNAをガラスに吸着させる	ガラス粉末（ニッポンジーン社）やEASYTRAP（TaKaRa）

[*1]：この他ゲル電気泳動もここに含まれる（☞3章）
[*2]：塩，有機溶媒，ヌクレオチド，など

をもたない物質を除くことができ，除きたい物質に応じた方法を採用する．

memo
_____
_____
_____
_____
_____

除けるもの	コメント
低分子物質	ssDNAには使えない．3〜12時間以上かかる．液量が多い場合は途中で外液を交換する
低分子物質	10〜60分で終了する．確実な分離ができる
低分子物質 SDSなど一部の脂溶性物質 （一部の多糖類やタンパク質は除けない）	鎖長の短いDNAは沈殿できない （プロトコール5参照）
糖類や大部分の低分子物 DNAと強く結合してないタンパク質	DNA溶液の濃縮にも使える （2章-4参照）
DNA以外の大部のもの RNA	アガロースゲルからのDNA回収でよく使われるが（プロトコール29），溶液中のDNAでも使える

プロトコール 14

低分子物質の除去① ＜透析＞

準備
- 前処理済み透析チューブ（**参考** 参照）
- 透析チューブ用クリップ
- ビーカー
- スターラー
- TE

手順
1. 透析チューブ^{コツ}の内側，外側を精製水ですすぐ．手袋をして操作する
2. クリップを使って，試料を入れたチューブを締める．空気を少し入れ，チューブの張りに余裕をもたせる
3. ビーカーに試料の100倍以上の透析外液としてTEを入れ，チューブを入れ，スターラーで外液を3〜12時間^{注意}（以上），室温〜低温室で撹拌する
4. 透析終了後，内液（試料）を回収する

コツ 微量の場合，同じ材質の透析カップ（ザルトリウス社製）を使うと便利．

注意 高濃度の高分子DNAからフェノールの除く場合は2〜3日かかる．

参考 **透析チューブの前処理**

透析チューブの不純物を以下のようにして除く．

〈手順〉
1. 適当な長さに切った乾燥チューブを1mM EDTA，2%炭酸水素ナトリウム溶液中で10分間煮沸する（この操作をオートクレーブ5分に代えてもよい）
2. 液を捨て，1mM EDTAでさらに数回煮沸する（硫黄臭が消え，チューブが透明になる）
3. SP水で洗浄の後，0.1×TE中でオートクレーブする
4. 冷却後等量のエタノールを加え，冷蔵庫で保存する

プロトコール 15
低分子物質の除去② ＜ゲルろ過＞

　低分子ほどゲル内へ拡散するので，より遅れてカラムから溶出されるという原理に基づく．

準備

●TE で膨潤後オートクレーブした，DNA グレードのセファデックス G-25 か G-50 * （GE ヘルスケア バイオサイエンス社）　●TE　●プラスチック製 5 ml ミニカラム管

*セファデックス粉末を TE に落としながら懸濁させ，そのままオートクレーブしてよい

手順

❶ カラム管をセットし（注意），セファデックスを 2 ml 分詰め，TE 5 ml を通す（洗浄）
❷ 試料（100 μl 以下）をカラム上部に載せて吸い込ませる
❸ TE を静かに重層し，溶出液を 2 〜 5 滴（約 50 μl ／滴）ずつエッペンに受け取る
❹ OD_{260} を測定し，ピーク分画の試料をプールする（コツ）
❺ 必要に応じて，濃縮，エタノール沈殿する
❻ カラムはよく洗浄すれば，再利用できる

注意　ゲルろ過カラムは，ある程度の高さが必要．DNA が吸着するようだったら TE に NaCl を 10 〜 50 mM 加える．極端に短い DNA 断片は低分子との分離は悪い．

コツ　高分子はカラム容量の 1/2 〜 1/3 に相当する排除容量（void volume）部分に溶出され，低分子はその後で溶出されるので，ピークの後半はある程度の所で切り捨てる．

プロトコール 16

DEAE セルロースを用いる精製法

DNA や RNA は負に荷電しているので，DEAE（ジエチルアミノエチル）セルロースのような陰イオン交換体に吸着する．吸着したものは高濃度の陰イオン（塩素イオンなど）で外すことができる．

準 備

- DEAE セルロース（DE52 Whatman 社製，DNA グレードもある）を TE に懸濁したもの ● TE ● 0.5 M NaCl 入り TE
- 5 ml ミニカラム管（チップを利用して自作してもよい）

手 順

1. カラム管をセットし，懸濁している DEAE セルロースを詰めて，0.1〜1.0 ml のカラムを作る^{注意}（0.1 ml のカラムでも，数 10 μg の DNA の吸着には充分）
2. TE をカラム量の 10 倍以上流して洗浄する
3. 試料をカラム上部から吸い込ませた後，カラムの 5〜10 倍の TE で洗浄する
4. 0.5 M NaCl 入り TE で DNA を溶出し，ろ液は順番にエッペンに受ける
5. OD_{260} 測定後にピーク部分を集め，エタノール沈殿（塩の添加は不要）で DNA を濃縮する

> **注意** カラムは再利用しない．NaCl を 1 M にする方法もあるが，エタノール沈殿で塩が沈殿する恐れがある．

参考　DEAE セルロースの活性化

使用済み DEAE セルロースを使用する時は，活性化が必要．酸―アルカリ―酸という順番で DEAE セルロースを処理し，最後に水か使用するバッファーでよく洗浄する（詳細は DEAE セルロースの説明書を参照）．

第2章-7
高分子核酸とヌクレオチドの分離

余分なヌクレオチド除去

はじめに

DNA合成反応終了後は余分なものを除く必要があり,特にRI標識ヌクレオチドの除去は重要である.ヌクレオチド類は分子量がある程度大きく,化学的性質も核酸と類似しているため,確実に除くため表2-7-1のような方法がとられる.

PCR後の処理
●オリゴヌクレオチドを除く

PCR後にオリゴヌクレオチドを除き,DNAを精製する方法で表2-7-2に示す様々な方法がある.

表2-7-1 ●ヌクレオチド除去法

方法と概略	特徴
エタノール沈殿	
0.3M酢酸ナトリウムを加えてエタノール沈殿する	かなり沈澱に巻き込まれるので,沈澱操作は数回行う
ゲルろ過	
セファデックスG-25, G-50を用いてゲルろ過する	1回の操作でほぼ完全に除くことができる
電気泳動	
アガロース,ポリアクリルアミドゲル泳動	ゲルからDNAを切り出して精製する.確実に除けるが,操作が煩雑

表2-7-2 ●オリゴヌクレオチド除去法[*]

方法	概略	コメント
エタノール沈殿	塩として酢酸アンモニウムを用いてエタノール沈殿する（2章-3プロトコール5参照）	50塩基対以下の小さな核酸は沈殿しないが，実際には多少巻き込まれてしまう
ゲルろ過	セファデックスG-50，G-75（fine）を使用	オリゴヌクレオチドがDNAより遅れて溶出されるが，DNAとのピークが接近しており，注意しないと混ざる
PEG沈殿	PEG沈を行う（2章-3プロトコール7参照）	分子量の小さな核酸は除かれる
ゲル電気泳動	アガロースやポリアクリルアミド，電気泳動	ゲル電気泳動を行い，ゲルを切り出しDNAを抽出・精製する
SUPREC®-02	TaKaRa製キット	限外ろ過膜を用いるスピンカラム（分画分子量30,000Da）
QIAquick PCR精製キット	QIAGEN社製キット	シリカ膜を有するスピンカラム．DNAがガラスに吸着する性質（100bp以下を除去）を利用する（表2-6-1参照）

[*]実際には低分子物質も除かれる

プロトコール 17

DNAのみをフィルターに吸着させる

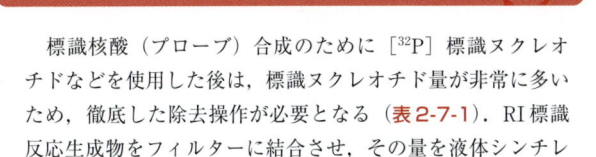

標識核酸（プローブ）合成のために [^{32}P] 標識ヌクレオチドなどを使用した後は，標識ヌクレオチド量が非常に多いため，徹底した除去操作が必要となる（表2-7-1）．RI標識反応生成物をフィルターに結合させ，その量を液体シンチレーションカウンターで測定するための方法を下に記す．

高分子核酸が基質ヌクレオチドよりDEAEセルロースに対する吸着力が強いことを利用する．

準 備

- 5％リン酸水素二ナトリウム・12水塩
- エタノール
- DE82フィルター（φ24 mm）（Whatman社）
- プラスチックラップ（あるいはアルミホイル）
- ビーカー

手 順

1. DE82フィルターをラップ上に並べ，試料名をペンでマークする
2. 反応液などの試料をフィルターに染み込ませ注意，数分後にビーカーに移す
3. フィルター1枚につき5～10 mlのリン酸水素二ナトリウム溶液を加え，5～10分かけてフィルターをすすぎ，洗浄液を捨てる
4. 洗浄操作をさらに2～3回行い，未反応の基質ヌクレオチドを洗い落とす
5. エタノールで2回すすいだ後フィルターを乾燥させ，放射活性を測定する

注意 特に乾燥させる必要はない．

第3章-1
制限酵素を使う
DNAを特定部位で切断する

制限酵素とは

制限酵素（restriction enzyme または restriction endonuclease）は細菌類がもつ塩基配列特異的DNA切断酵素で，外来DNAを分解する一方で自己DNAはメチル化で保護するという，ファージの攻撃から防衛する手段＝制限—修飾系に関連して発見された．遺伝子工学に用いられるのは専らII型酵素*である．

＊メチラーゼ活性をもたずATP非要求性で，認識部位内部かそのごく近傍の特定部位を切断する

制限酵素の種類と性質

酵素の基本的な性質として以下の事柄が重要である．

●認識/切断配列

認識配列はパリンドローム構造をとる4〜8塩基が多いが，中にはそれ以外の配列や複数の配列を認識するものもある． → Data20 制限酵素認識配列に関するクロスインデックス

●メチル化感受性

メチラーゼ（dam methylase：アデニンの6位をメチル化．dcm methylase：シトシンの5位をメチル化）をもつ菌から調製したDNAはメチル化部位を認識部位とする酵素で切断されない．汎用性の高い大腸菌（C600, HB101, JM109等）は上の両酵素があり，注意が必要．動物細胞DNAは，^{5m}CGとなってることが多い → Data21 制限酵素の性質

●スター活性

認識部位の厳密さが低い状態で切断してしまう「スター (star) 活性」が出る場合がある．(表3-1-1)．

表3-1-1 ●スター活性が出る条件

制限酵素	スター活性が出る条件*	制限酵素	スター活性が出る条件*
Ava I	A, D	*Kpn* I	D
Ava II	A, D	*Nco* I	A, D
*Bam*H I	A, B, D, E	*Nhe* I	A, C, D, E
Bgl I	E	*Pst* I	A, D
Bgl II	D	*Pvu* II	A, D
*Bst*P I	A, E	*Sac* I	A, D
*Eco*R I	A, B, D, E	*Sal* I	A, D
*Eco*R V	D	*Sau*3A I	A, D
*Eco*T22 I	E, G	*Sca* I	B, C, E
Hae III	A	*Spe* I	D, E
Hha I	A, D	*Ssp* I	A, C, D, E
Hinc II	D	*Taq* I	A, C, E
Hind III	B, D	*Tth*111 I	B, C, F
Hpa I	A, D		

*各記号の説明
A：高濃度グリセロール存在
B：Mn^{2+}存在
C：アルカリ性
D：DMSO存在
E：低イオン強度
F：高イオン強度

> **参考 DNAメチラーゼ**
>
> 各酵素ごとに特異的なAまたはCをメチル化し，メチル化されたDNAは当該制限酵素で切れなくなる．メチル基供与体としてS-アデノシルメチオニンを用いる．
>
> → **Data22** 利用可能な主なメチラーゼ

● **イソシゾマー**

同じ塩基配列を認識する，異なる制限酵素それぞれをイソシゾマー（isoschizomer）という．

● **周辺配列の影響**

同じ認識部位でも周囲の配列により，反応性に「選り好み」が起こり，また一定長の周囲配列がないと切断されない場合もある（New England Biolabs 社の情報を参照：www.neb.com）

酵素反応の工夫と失活
● **ユニバーサルバッファー**

酵素は特異的な反応条件をもつが，メーカーでは多くの酵素に使える普遍的反応液（ユニバーサルバッファー）を頒布している．本書では Roche 社やニッポンジーン社など，複数のメーカーが用いているバッファーシステムを紹介する ➡

Data21 制限酵素の性質

● **多重消化**

2 種類以上の酵素で切断する場合，反応条件が近ければ同時に反応させ，大きく異なる場合は，塩濃度／温度が低い方から高い方へと順番に反応させる．いずれも無理な場合は，反応の途中でいったん DNA をエタノール沈殿で精製する．

● **酵素の失活**

半分程度の酵素は 65 ℃，15 分間で失活するが，より厳しい条件が必要なものも多い．加熱やエタノール沈殿でも失活しない酵素もあるが，いずれの酵素もフェノール／クロロホルム処理で失活する．

プロトコール 18

制限酵素を使った DNA の切断

酵素の活性は『1 単位＝1 時間で λ ファージ DNA を完全消化できる酵素の量』で表されるが，切断部位が多いほど多くの酵素が必要である．

準備

- 10×反応液*
- 制限酵素（〜10 単位/μl）
- DNA（〜1 μg/μl）

*酵素により異なる．メーカーから酵素に添付される反応液か，ユニバーサルバッファーを使用する

手順

1. 20 μl の反応[コツ1]で 10 μg の DNA を処理する場合の反応液を作製する

DNA	5 μl
10×反応液	2 μl
酵素	2 μl [コツ2]
SP 水	11 μl

2. 穏やかに撹拌し[コツ3]，至適温度（多くは 37 ℃）で 1〜2 時間反応させる[コツ4]
3. 必要があれば，適当な方法で酵素を失活させるか，EDTA 20〜50 mM（＋0.5％ SDS）を加えて反応を停止させる
4. 必要があれば，一部を取り電気泳動で切断をチェックする

コツ
1：DNA 量が多かったり，濃度が薄い場合は反応系を大きくする．
2：酵素商品には反応を阻害するグリセロールが 50％含まれているので，酵素液量は全体の 1 割以内にする．DNA 量が多い場合は，全体量を増やすか高濃度酵素を用いる．
3：激しくボルテックスせず，タッピングの後スピンダウンする．
4：DNA の純度や切断部位の数などを考慮して，通常は 2〜3 倍の酵素で 2〜3 倍の時間処理する．

第3章-2
修飾酵素を使う
DNA末端の加工と組換えの準備

遺伝子組換え実験に利用される様々な酵素

遺伝子組換え実験では様々な修飾酵素を使って，制限酵素処理で得られた断片の末端を加工し，実験に適したものに作り変えるという作業が頻繁に行われる．(表3-2-1, 2)．

よく使われるポリメラーゼについては Data23 Data24 を，ヌクレアーゼについては Data25 Data26 参照．

表3-2-1 ● DNA関連酵素の基本的性質

①DNA合成は，3´-OH端にdNTPを付加し，3´側に伸びる（できた3´端もOHとなる）
②ポリメラーゼにはヌクレアーゼ活性をもつものが多い
③ヌクレアーゼで切られたDNA末端は5´-P，3´-OHとなることが多い
④ライゲーションされるDNAは，5´-Pとなっている必要がある

表3-2-2 ●主な酵素による粘着末端から平滑末端への変換*

末端構造	反応		酵素		
			クレノーフラグメント	T4/T7 DNAポリメラーゼ	Mung Beanヌクレアーゼ
5´突出	(3´OH / 5´P 突出)	フィルイン	◎	○	—
		除去	—	—	◎
3´突出	(3´OH / 5´P 突出)	フィルイン	—	—	—
		除去	—	○	◎

*利用に適する順番で◎，○．—（適応不可）

プロトコール 19

5′端の脱リン酸化反応

　RNA，DNA，NTP/dNTPの5′端からリン酸を除き，5′-OHとする．一般にアルカリホスファターゼ（alkaline phosphatase：AP）（タンパク質も基質となる）を用いる．5′端のリン酸標識の前処理や，セルフライゲーションの阻止などに使用される．

手順

1. 表3-2-3に従って37℃，30分間反応させる．
2. 酵素を確実に失活させる．

表3-2-3 ●アルカリホスファターゼ

酵素	反応条件		安定性
Bacterial AP （BAP）	Tris-HCl（pH9.0） MgCl$_2$	50 mM 1 mM	極めて安定．熱失活しない．フェノール抽出を2回行って失活させる
ウシ小腸由来AP （CIP/CIAP）	Tris-HCl（pH9.0） MgCl$_2$	50 mM 1 mM	65℃，30分の熱処理で失活する（安全のためフェノール抽出を行う）
Shrimp AP （SAP）	Tris-HCl（pH9.0） MgCl$_2$	50 mM 5 mM	65℃，15分の熱処理で失活
Antarctic ホスファターゼ*	Bis Tris-Propane （pH6.0） MgCl$_2$ ZnCl$_2$	50 mM 1 mM 0.1 mM	65℃，5分の熱処理で失活

＊TAB5 AP遺伝子をもつ大腸菌由来
（New England Biolabs社の製品：#M0289）

プロトコール 20

5′端のリン酸化反応

T4 ポリヌクレオチドキナーゼ（PNK）で，核酸の 5′-OH に ATP の γ 位のリン酸を転移させる．ライゲーションの前処理として，また，核酸の 5′端標識で行われる．

🧪 手 順

1. 70 mM Tris-HCl（pH 7.6），10 mM MgCl₂，5 mM DTT，1 mM ATP 存在下で酵素と DNA を穏やかに混ぜ，37 ℃，30 分間反応させる．
2. 酵素は 65 ℃，20 分間の熱処理で失活する（注意）．

> **注意** 続いてライゲーションをする場合，酵素の失活は必須ではない．
> PNK は逆反応も触媒するため，標識反応の場合は必ずしも事前の DNA の脱リン酸操作は不要（☞プロトコール 19）

参考　5′欠失，平滑末端のリン酸化

5′欠失末端や平滑末端ではリン酸化効率が落ちる．この対策として，DNA を 70 ℃，5 分間加熱の後急冷し，PEG8000 を 5% 加えてから反応を開始する方法がある．

プロトコール 21

ベクターにインサートを組み込む

　DNAリガーゼは，DNAにリンカーを付けたり，ベクターにインサートを組み込む時に使用される．一般にはT4 DNAリガーゼを使用する．DNAの末端が5′-Pとなってることが必須．

手順

❶ 以下の試薬を混合する^{注意}

10×バッファー（表3-2-4）	1 μl
ベクター	50 ng（3 kbの場合）
インサート	50 ng（1 bpの場合）
SP水	10 μlにする
T4 DNAリガーゼ	0.5 μl

❷ 全体を穏やかに混ぜ^{コツ1}，16 ℃で8〜16時間（あるいは室温で2時間）反応させる^{コツ2}

❸ トランスフォーメーションする場合は熱失活処理はしない（☞7章-5）．

注意 ベクターとインサートとのモル比は1：2〜3程度，リンカーとのモル比は1：10〜30程度にする．

コツ 1：酵素は不安定なのでごく緩やかに混ぜ，温めない．
2：平滑末端は突出末端に比べ反応効率が1/100と低いので，DNA濃度を高くし，酵素量も増やす．DNA末端を安定化させるためにPEG6000を7.5％になるよう加えると，反応時間を短縮できる．このような工夫により，16℃，5〜60分で反応が終了するようにしたキットが利用可能である．

表 3-2-4 ● 様々なリガーゼの反応条件

	T4 DNAリガーゼ	大腸菌DNAリガーゼ
反応条件	ATP要求性 Tris-HCl (pH7.5)　50 mM MgCl$_2$　10 mM DTT　10 mM ATP　1 mM ATP　25 µg/ml 16℃	NAD要求性 Tris-HCl (pH8.0)　30 mM MgCl$_2$　4 mM DTT　1 mM NAD$^+$　26 µM BSA　50 µg/ml 16℃
特徴・適用	・DNA断片の連結 ・DNAとRNA，RNA同士も連結する活性をもつ ・DNAにリンカーを付ける	・突出末端同士のDNA同士の連結 ・Okayama-Berg法によるcDNAクローニング

	T4 RNAリガーゼ	Taq DNAリガーゼ
反応条件	ATP要求性 Tris-HCl (pH7.8)　50 mM MgCl$_2$　10 mM DTT　10 mM ATP　1 mM 37℃	NAD要求性 Tris-HCl (pH7.6)　20 mM 酢酸カリウム　25 mM 酢酸マグネシウム　10 mM DTT　10 mM NAD　1 mM Triton X-100　0.1% 45℃
特徴・適用	・RNAへ5′-pCpを付ける ・一本鎖DNA, RNAの連結 ・一本鎖オリゴDNAの合成	・PCRにおける，リン酸化オリゴヌクレオチドの取り込みによるmutagenesis

第3章-3
PCRによるDNA増幅
PCRの基本的な事柄について

PCRとは

PCR（polymerase chain reaction）は，DNAの検出，定量のみならず，クローニングやシークエンシングなど，様々な分野に利用されている．

プライマーデザインの重要性

PCRの成否はプライマーにかかっている．ハイブリダイゼーションの強さと正確さに関してはTmが重要であり，温度がTmより高いとプライマーはアニールできず，低いと非特異的にアニールしてしまう．Tmは2章-1に述べた方法に従って計算する．プライマーデザインについての注意点を表3-3-1にまとめた．

表3-3-1 ●プライマーデザインに関する注意

DNA配列との関係	・繰り返し配列は避ける ・DNA中の他の場所とハイブリダイズしない
プライマー自身の配列	・一対のそれぞれのTmが違いすぎない ・プライマー内部に相補的配列がない ・異種プライマー同士がアニールしない
プライマーの3'端	・安定にアニールするよう，G/Cが好ましい
プライマー同士の距離	・2 kb以下（できれば1 kb以下）にとどめる

耐熱性DNAポリメラーゼ

耐熱性DNAポリメラーゼは当初はTaq DNAポリメラーゼしかなかったが，現在では多くのものが利用できる．酵素としては大きく2種類が知られている．

① pol I 型酵素：合成速度が速いが校正機能がない
② α 型酵素：古細菌由来で，3′→5′エキソヌクレアーゼによる校正機能をもつ

商品としてはこの2種に加え，両者を混ぜた混合型やホットスタート用（表3-3-2）などがある．

PCR産物のクローニング

PCR産物をクローニングする方法には，TAクローニング法と，プライマーに制限酵素配列をつける方法がある．リンカーを介して，間接的にクローニングすることもできる．

参考 特殊プライマー

① nestedプライマー：あるプライマーセットでPCRを行った後，その内部配列で再度PCRを行う場合のプライマー．初回PCRで目的バンドがうまく増幅できない場合に効果的．nestedは"中に収まる"の意．
② degenerate（縮重）プライマー：各アミノ酸の複数コドンを参照して作られるプライマーの混合物．含まれる配列数によりモル数が減るので，あまり数を増せない（例：512種以内）．

表3-3-2 ●耐熱性DNAポリメラーゼ製品

	polⅠ型DNAポリメラーゼ	α型DNAポリメラーゼ
特徴	・*Thermus aquaticus*や*Thermus thermophilus*など，*Thermus*属の細菌由来． ・安価で伸長活性が高い． ・校正機能がなくmutationが入りやすい． ・末端にAを1個付加するTdT活性があり，TAクローニングができる	・古細菌（*Pyrococcus*属，*Thermococcus*属）由来． ・3′→5′エキソヌクレアーゼ活性をもつので，校正機能がある．熱に非常に安定
主な製品[*1]	*Taq* DNAポリメラーゼ *Tth* DNAポリメラーゼ（逆転写反応ができる）	*Pfu* DNAポリメラーゼ *Pwo* DNAポリメラーゼ *Tli* DNAポリメラーゼ *Pyrohest*™ DNAポリメラーゼ（TaKaRa）

	混合型DNAポリメラーゼ[*2]	ホットスタート用DNAポリメラーゼ
特徴	・LA（long and accurate）PCR用 ・上段の2つを混合し，正確さと鎖伸長性の両方の能力を高めたもの	・Hot Start PCR用の商品． ・活性中心を熱で解離する抗体でマスクしたもの，高温で活性をもつようにしたもの，酵素をワックスなどでとじこめ高温で放出させるものなどがある
主な製品[*1]	TaKaRa LA Taq™（TaKaRa） TaqPlus™（Stratagene） Advantage™（Clontech） KOD Dash（TOYOBO）	Hot Start Taq™（Qiagen） KOD Plus（TOYOBO）

[*1]：多くの製品があり，それぞれのカタログを参照されたい
[*2]：酵素により20〜30kbのDNA増幅も可能である

プロトコール 22

Taq DNAポリメラーゼを使ったPCR

　対象とするDNA領域を挟むようにDNAポリメラーゼのプライマーを設計し，反応系にDNA，オリゴヌクレオチドプライマー，dNTP，二価金属イオン，耐熱性DNAポリメラーゼを加え，温度を高温「DNA変性」，55℃程度「プライマーのアニール」，70℃程度「酵素反応」と変化させると当該DNA領域が倍加するので，このサイクルを20～30回繰り返すことにより目的DNAを $2^{20\sim30}$ 倍（100万倍以上）に増やすことができる．

準備

● 10×反応バッファー〔0.1 M Tris-HCl（pH 8.3），0.5 M KCl, 15 mM MgCl$_2$〕　●各2.5 mM dNTP混合液　●鋳型DNA（約50 ng/μl）　●10 μMの各プライマー　●Taq DNAポリメラーゼ（2～5単位/μl）　●PCR機械　●ゲル電気泳動装置（☞3章-5）

試薬の調製法 ➡『バイオ試薬調製ポケットマニュアル』p.97参照

手 順

❶ 以下の反応系^{注意}を組む

Taq DNAポリメラーゼ	0.2 μl
10×反応バッファー	2.5 μl
dNTP混合液	2 μl
鋳型DNA	2 μl
各プライマー	1.25 μl
SP水	25 μl に合わせる

❷ PCR機械のプログラムをセットする．例として，95℃-2分，［95℃-0.5分，55℃-0.5分，72℃-1分］25回，72℃-5

分，4℃―∞とする[コツ1].
❸ 機械が高温に達したら冷却してあるチューブを移し，反応をスタートさせる[コツ2].
❹ プログラムが終了したら一部をゲル電気泳動し，反応生成物をチェックする
❺ 反応物の精製の必要がある場合は，各社から出されているスピンカラムで精製する

注意 これらを専用の0.2 mlチューブで作る．大きいチューブの場合はミネラルオイルを重層する．

コツ
1：55℃は実際にはTmに設定する．2つのプライマーのTmがずれている場合は，まず低い方から試す．
2：急激に高温にすることで，ホットスタート法に近い効果が得られる．

参考 ホットスタートPCR

反応を低温から始めると，プライマーの非特異的結合分解のため，特異的増幅がみられない場合がある．これを防止する目的で反応を高温から始めるホットスタート法がある．簡単には反応液成分を高温で加えればよい*．専用の酵素も利用できる（表3-3-2）．
*ただしトラブルが多い

参考 タッチダウンPCR

反応の特異性を高めるため，Tmより5～10℃高い温度からアニールを開始し，サイクルのたびに少しずつ下げる方法．

第3章 基本となるDNA実験

> **参考** コンタミネーションの防止とトラブルシューティング
>
> ストック試薬等や部屋全体がプライマーやDNAで汚染しないよう，試薬やピペッター／チップの扱いには充分に注意する．問題があれば，下表の項目をチェックする．
>
> **PCRにおけるトラブルシューティング**
>
> | トラブル | 原因 | 対処法 |
> | --- | --- | --- |
> | A DNAが増幅しない | 酵素の失活 | ・酵素を変える，酵素を増やす |
> | | 至適反応条件でない | ・DNA伸長時間を延ばす
・アニール温度を下げる
・サイクル数を増やす
・Mg^{2+}濃度の検討
・「GC-バッファー」*を試みる
・プライマーを設計し直す |
> | | DNAが存在しない
DNAが不純物を含んでいる | ・DNA自身をチェックする |
> | B 非特異的増幅が多い | 反応条件が悪い | ・酵素やプライマーの量を減らす |
> | | | ・アニール温度を下げる
・Mg^{2+}イオン濃度を検討する |
>
> *各メーカーから出ている

プロトコール 23
TAクローニング

　DNA pol I 型酵素には3´端にAを1塩基付加するTdT様活性がある．ベクターを，平滑末端を生ずる制限酵素で切断した後，この酵素でTTP存在下で反応させると，Tが1つだけ付くので，PCR産物を組込むことができる．

手順　コツ

① ベクター数μgを平滑末端を生ずる制限酵素で切断する
② 電気泳動で分離精製する
③ 100 μlの反応系に下記を加える

　　Taq DNAポリメラーゼ　　　　　　数単位
　　Taq DNAポリメラーゼ反応液
　　dNTP　　　　　　　　　　　終濃度 1 mM

　　70℃で2時間反応させてベクターを構築する
④ ベクターはフェノール／クロロホルムとエタノールで精製する
⑤ PCR産物は電気泳動後，ゲルから切り出して精製する
⑥ 両者をライゲーション後，大腸菌にトランスフォーメーションさせ，目的クローンを得る

コツ　末端のTやAは失われやすいので，全工程を早めに終了させる．

参考　細菌内プラスミドチェック（コロニーPCR）
コロニーの菌を 1 ml培養し，3分間100℃に加熱した上清を用いてPCRを行う．

第3章-4 ポリアクリルアミドゲル電気泳動

短いDNAの分離方法について

電気泳動とは

　負に荷電している核酸を電場に置くと，陽極に移動するが，数百塩基以下の比較的短いDNAを分離する場合は，ポリアクリルアミドゲル電気泳動（polyacrylamide gel electrophoresis：PAGE）を行う．

memo

プロトコール 24

中性ゲル（未変性ゲル）による分離

アクリルアミド溶液に，重合剤 TEMED を入れてゲル板に注ぎ重合させる．ゲルの濃度によって分離できる DNA サイズが異なる（→ Data27 アクリルアミドゲル濃度と DNA の分離能）．

ゲル作製と泳動の準備

- 30％アクリルアミド溶液（29％アクリルアミドモノマー，1％ N-N'-メチレンビスアクリルアミド）　●ゲル板作製パーツ一式　●TEMED（N,N,N',N'-テトラメチルエチレンジアミン）　●10％ APS（過硫酸アンモニウム：ペルオキソ二硫酸アンモニウム）　●10×TBE バッファー〔0.5 M Tris 塩基，0.485 M ホウ酸，20 mM EDTA（pH 8.0）〕　●ローディング溶液〔0.25％ブロモフェノールブルー（BPB），0.25％キシレンシアノール FF（XC），30％グリセロール，5 mM EDTA（pH 8.0）〕　●0.5 μg/ml エチジウムブロマイド（EtdBr）/TBE

注意 アクリルアミドや EtdBr は毒性が強いので，必ず手袋をする．

試薬の調製法 ➡『バイオ試薬調製ポケットマニュアル』参照

手順

1. ゲル板を組み立て，表3-4-1 に従って水まで添加する
2. TEMED を添加した液をゲル板に注ぎ，コウムを差し込んだら固まるまで待つ コツ1
3. 泳動槽にセットしてバッファーを張り，100 V で 30 分間予備通電する．
4. ウエルを洗浄し，試料に 0.1〜0.5 倍量のローディング溶

液を混合してアプライし，マーカーDNA（→ Data28 ）と一緒に75～100 Vで泳動する．色素の位置を目安に泳動を止める．

❺ 泳動後ゲルをゲル板から剥がし，EtdBr溶液[コツ2]に20分間浸ける
❻ UVトランスイルミネーターにラップを敷いてゲルを置き，染色像を記録する．

コツ　1：凝固時間はTEMED量で調節する．ゲル化は低温と酸素で阻害され，脱気すると早く固まる．
　　　　2：検出感度は5 ng/バンド．1万倍に希釈したサイバーグリーン（SYBER Green I）を用いてもよい．EtdBrの10倍の感度がある．

表3-4-1 ●中性ゲル作製のレシピ（10 mlゲル溶液[*1]）

作製ゲル濃度 (%)	30%アクリル アミド溶液 (ml)	10×TBE (ml)	10%APS[*2] (ml)	滅菌水 (ml)	TEMED
3.5	1.16	1	0.1	7.74	少量
5.0	1.66	1	0.1	7.24	少量
8.0	2.66	1	0.1	6.24	少量
12	4.00	1	0.1	4.9	少量
20	6.66	1	0.1	2.24	少量

*1：厚さ1 mm，10 cm×10 cmゲルの場合
*2：APSは試薬数粒を直接加えてもよい

第3章-4 ポリアクリルアミドゲル電気泳動

プロトコール 25
ゲルからの DNA 抽出

DNA をゲルから溶出させ、濃縮後ゲルろ過で精製する．

準備
- セファデックス G25（fine, DNA グレード）のミニカラム
- $T_{50}E_1$ ● TE ● n-ブタノール ● 3 M 酢酸ナトリウム
- 100%／70%エタノール ● 遠心機 ● 検出用器具および EtdBr 溶液（☞プロトコール 24 参照）

試薬の調製法 ➡『バイオ試薬調製ポケットマニュアル』参照

手順
1. UV 下で目的バンドを含むゲル片を切り出す
2. ガラス棒でゲルを砕き、ゲルの 2〜3 倍の TE を加え、60 分間室温で軽く震盪して DNA を抽出する
3. 遠心分離（15,000 rpm, 5 分間）で上清を回収する
4. 沈殿に再度 TE を加え、上の操作を繰り返す
5. 集めた抽出液をブタノールで濃縮し、$T_{50}E_1$ で平衡化したセファデックス G25 で DNA を精製する（☞ 2 章-6）
6. DNA を 0.3 M 酢酸ナトリウムを加えてエタノール沈殿し、リンス後少量の TE に溶かす

> **コツ** 回収 DNA にはゲルの成分が含まれるが（沈殿が出る）、通常の酵素反応はほとんど阻害しない．この他、ゲル片を透析チューブに入れ、DNA を電気的に溶出させ、濃縮、精製する方法もある．

プロトコール 26

変性ゲル（尿素ゲル）を使った電気泳動

DNA（S1マッピングやDNAシークエンシングなど）やRNA（RNaseプロテクションなど）を変性状態でPAGEする場合は，尿素の入ったゲルを用いる．

準備：6％の 30 × 40 × 0.06 cm ゲル作製を例に

- 6％ゲル溶液〔8 M 尿素（MW=60.06），5.4％ アクリルアミド，0.6％ ビス，1×TBE バッファー*〕 ● APSとTEMED（表3-4-1） ●変性ゲル用ローディングバッファー〔0.05％ BPB, 0.05％ XC, 約100％ 脱イオンホルムアミド，1 mM EDTA（pH 8.0）〕 ●ガラス板〔30×40×0.5 cmで通常ガラス板とノッチ（切り込み入り）ガラス板〕 ●ゲル板作製パーツ一式（スペーサー厚は 0.6 mm）とコウム ●ゲルタンク ●アルミニウム板（放熱板） ●パワーサプライ（2,000 V以上の出力をもつもの）

*尿素 240 g／アクリルアミド 28.5 g／ビス 1.5 g／10×TBE 50 ml を 500 ml の水に溶解し，メンブランフィルターで不溶物を除く．ビスとの比率を一定にして，ゲルの濃度を任意に変えられる．

試薬の調製法 ➡『バイオ試薬調製ポケットマニュアル』参照

手順

1. ガラス板のセット後，ゲル溶液 100 ml に APS 3〜4粒入れて溶かし，脱気する
2. 10〜30 μl の TEMED を入れ，撹拌後素早く[コツ1] ゲル板に注ぎ，コウムを差し込み，重合させる[注意1]
3. 重合後放熱板を付けてタンクにセットし，1,000 V で 30 分間予備通電する
4. 試料に等量のローディングバッファーを加え[注意2]，80℃（もしくは 90℃），2 分間加熱後急冷する

第3章-4 ポリアクリルアミドゲル電気泳動

❻ ウエル部分をバッファーで洗ってから，試料を重層し，色素の位置を目安に1,500 Vで適当な時間泳動する
❼ ゲル板を剥がし，ゲルをろ紙に移したのち，ゲルを乾燥させる^{コツ2}
❽ RI標識核酸の場合はオートラジオグラフィーで検出する（☞ 4章-1）　→ **Data29** 変性ゲルにおける色素マーカーの移動度

コツ
1：横向きのまま．注射筒を使ってもよい．
2：ノッチガラス板の一方をシリコン処理（クロロホルムに2％にジメチルクロロシランを溶かし，紙で拭く．1年くらいはもつ）すると，ゲルがガラス両面に着くのを防止できる．粘着テープでガラス板をシールしてもよい．

注意
1：TEMED量で凝固時間を調整する．ゲル化は低温と酸素で阻害され，脱気すると早く固まる．
2：ホルムアミド濃度が50〜60％程度になるようにする．

参考 **シークエンスゲルの場合**

ゲル厚を0.35mmと薄くする．ゲルを注いだ後スペーサーを差し込んでゲル上部を水平に固め，シャークティースコウムをゲルに差し込む．試料は歯の隙間にアプライする．

プロトコール 27

ゲルの乾燥

ゲルの保存や，シャープなバンドを出したい時に行う．アガロースゲルも同じく行える．

方法A：バキュームドライ

1. ゲルにろ紙（Whatman 社の 3 MM）を密着させて，ゲルをろ紙に移す
2. プラスチックラップで覆い，ゲル乾燥器にセットし，減圧にして乾燥させる^{注意}

注意 ゲルは加温する．循環式水流ポンプを使用する場合は，水温を上げないようにする．真空ポンプを使用する場合は冷却トラップを付ける．ゲルのヒビ割れを防ぐため完全に乾いてから停止する．

方法B：エアドライ

＊主に 20×20cm 以下の小型ゲル用

1. ゲルを 30 分間水に浸けてバッファー成分等を除く
2. ゲルを大型のセロハン紙で挟み，風を送って乾燥させる
3. ポリアクリルアミドゲルの場合，前もってグリセロールを含むゲルドライングソリューション（Bio-Rad Laboratories 社）に浸けるとゲルが割れにくくなる

参考　変性ゲルからの尿素除去（ソーキング）

尿素入り変性ゲルのゲル圧縮効果を高めるため，乾燥の前にゲルを 10％メタノール＋ 10％酢酸に 30 分浸ける方法がある．

第3章-5
アガロースゲル電気泳動

比較的長いDNAの分離方法

アガロースゲル電気泳動の有用性

500 bp以上のDNA（RNA）の分離は，アガロースゲル電気泳動で行う．操作が簡単で，DNAやRNAの長さチェック，目的断片の取得，ブロッティングに先立つDNAやRNAの分離など，汎用性が高い．アガロースの種類を選んだり泳動法を工夫することにより，様々な目的に対応できる．

ゲルの特性と適する実験

ゲルは通常0.5～2.0％の範囲で作製し，ゲル濃度によって分離できるDNAの長さがほぼ決まる．泳動バッファーはTAEが一般的だが，TBEも使われ，バッファーにより分離特性が異なる．→ **Data30** アガロースゲルの分離能

標準的アガロースは100℃付近で溶解し40℃付近でゲル化するが，再融解温度の低いものはDNAの回収に適する．ゲル強度の高いものは低濃度ゲルの作製に適し，粘性の低いゲルは高濃度で作製でき，短いDNAの分離に適する．→ **Data31** 種々のアガロースの用途

プロトコール 28

アガロースゲルの作製から DNA 検出まで

準備

● 0.7％ アガロース　● TAE バッファー〔40 mM Tris 塩基，20 mM 酢酸，1 mM EDTA（pH 8.0）〕または TBE バッファー*
● ローディング溶液（☞プロトコール 24）　● 0.5 μg/ml エチジウムブロマイド（EtdBr）/当該バッファー　● ゲル作製用トレイ　● 泳動タンク　● 電気泳動用パワーサプライおよび検出用器具（☞プロトコール 24）

*10kb 以下の場合に使用できる．

試薬の調製法 ➡『バイオ試薬調製ポケットマニュアル』参照

手順

1. ゲルの溶解 注意1
   ・粉末の場合：耐熱ビンにアガロース粉末とバッファーを入れ，5 分間のオートクレーブで溶かす
   ・再融解の場合：電子レンジで融解させる
2. 冷めたら混ぜ，ゲル作製用トレイにコウムをセットした後，厚さ 2〜5 mm にアガロースを注ぎ，固める．
3. 試料と 0.3〜1.0 倍量のローディング溶液を混ぜてウエルに入れ，別ウエルにマーカーを入れる
4. BPB が全体の 75％移動するまで通電する 注意2．
5. ゲルを EtdBr 染色液に 30 分間浸す 注意3．
6. UV トランスイルミネーターにラップを敷いてゲルを置き，染色像を記録する ➡ Data32 高分子用 DNA サイズマーカー

注意　1：突沸に注意する．
2：電圧は装置に依存する．30〜150V 程度．
3：ゲルに EtdBr を添加してもよいが，泳動パターンが多少乱れる．

プロトコール 29
ゲルからのDNA回収

　アガロースゲルからのDNA回収には下記のような方法がある．純度の高いアガロースの使用を心掛ける．本書ではSeaKem agaroseなど，Cambrex社の製品を推薦する．

> **コツ** DNAの回収率を上げるために，エタノール沈殿用キャリアーを用いてもよい．

方法A：低融点アガロースからの回収
1. DNAを含むバンドを切り出し，65℃でゲルを融解する
2. TEを加えアガロース濃度を0.4％以下にする
3. Tris-フェノールで2回抽出し，上清を回収後クロロホルムで1回抽出する．
4. 塩を加えてエタノール沈殿し，エタノールリンス後TEに溶解する．

方法B：凍結融解による回収
1. 切り出したゲルをエッペンチューブに入れ，超低温槽で凍結後，室温に戻す^{コツ}
2. チューブ底に小穴を開けて受け用チューブに入れ，15,000 rpm，5分間遠心分離する
3. ろ液を上記のようにフェノール抽出，クロロホルム抽出，エタノール沈殿する

> **コツ** ゲルをパラフィルムに包んで凍らせ，融解する前に指で水分を絞ってもよい．

方法C：ヨウ化ナトリウムとグラスパウダーによる回収

ヨウ化ナトリウム溶液（90.8％ヨウ化ナトリウム，2％ sodium sulfite）と硝酸で活性化し水に懸濁したグラスパウダー（グラスミルク）を使用する．ここではこの原理に基づいたキット：Geneclean II Kit（フナコシ#3106）の概要を記す．

文献：Vogelstein, B. & Gillespie, D.：Proc. Natl. Acad. Sci., USA 76：615, 1979

❶ ゲルを凍結融解後，ゲル容積の2～3倍のヨウ化ナトリウムを加えてゲルを溶かす
❷ グラスミルクを添加後混ぜ，遠心分離後上清を除く．
❸ 0.5 mlのNew Wash concentrateを加えてグラスミルクを懸濁し，遠心分離で上清を除く
❹ 洗浄操作を再度繰り返し，10 μlのTEを加えて懸濁する
❺ 55℃で数分間加熱し，スピンダウンして上清を回収する
❻ 再度溶出操作を行い，プールした試料を遠心濃縮機に10分間かけ，残存エタノールを除く．

コツ スピンカラムを使うQIAGEN社のQIAquick Gel Extraction Kitも同様の原理による製品で，DNAをシリカ膜に吸着させた後溶出する．

方法D：DEAEペーパーに吸着させて回収

❶ EtdBr入りゲル中で，見える目的バンドの下流にスリットを作り，バッファーで湿らせたDEAEペーパー（Whatman社のDE81など）を差し込む
❷ 10分間通電し，DNAの転移をチェックし，TEでペーパーを洗浄する
❸ 1 M NaCl入りTEにペーパーを10分間浸け，溶液を回収する
❹ フェノール抽出，クロロホルム抽出，エタノール沈殿する（☞プロトコール11，13，5）

第3章-6
超遠心機を用いる分離方法
物質を沈降速度や密度で分ける

様々な遠心分離法の原理

溶媒中に密度の大きな分子が存在する時，遠心分離機で強い重力加速度をかけると，分子は沈降する．ただ分子サイズが小さいと拡散作用が強くなり，結局大きな分子ほど分子サイズに相当する沈降係数に従って速く沈降する．

●ゾーン密度勾配遠心分離法

沈降速度を調節する目的で遠心管中の溶媒密度をスクロース（ショ糖）などを用いて濃度に勾配を付け，DNAに限らずRNAやタンパク質を分子サイズで分離することができる．

●平衡密度勾配遠心分離法

溶媒の密度が分子の浮遊密度より大きいと分子は浮上する．密度勾配のある溶媒中での遠心分離では，溶媒密度が小さければ分子は沈降し，大きければ浮上するので，分子は固有の密度に集まる．高密度塩である塩化セシウムの密度勾配中で，核酸を密度の違いによって分離できるのはこのような原理による．

物質を沈降させる遠心分離

超遠心機用ローターには，①固定角，②（近）垂直，③水平ローター（スイングローター）があるが，ゾーン密度勾配遠心分離には水平ローターを用いる．ローターには固有のk値*があり，沈降させるもののS値（沈降係数）から沈降にかかる時間を算出することができる（図3-6-1，表3-6-1）．→

Data33 ローターの特性
＊チューブの形状と回転数から決められ，沈降にかかる相対的時間を示す数値

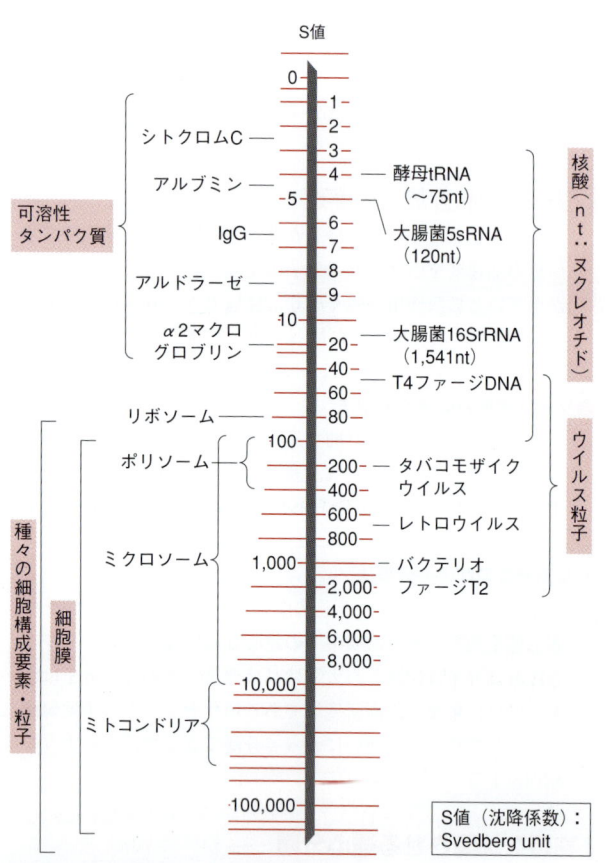

図 3-6-1 ●様々な物質の沈降係数

可溶性タンパク質
- シトクロムC
- アルブミン
- IgG
- アルドラーゼ
- α2マクログロブリン

核酸（nt：ヌクレオチド）
- 酵母tRNA（～75nt）
- 大腸菌5sRNA（120nt）
- 大腸菌16SrRNA（1,541nt）

ウイルス粒子
- T4ファージDNA
- タバコモザイクウイルス
- レトロウイルス
- バクテリオファージT2

種々の細胞構成要素・粒子
- リボソーム
- ポリソーム
- ミクロソーム
- 細胞膜
- ミトコンドリア

S値（沈降係数）：Svedberg unit

表 3-6-1 ●沈降係数（S）とk値と沈降時間

$$t\,(時間：hr) = \frac{k}{S}$$

ただし

$$k = \frac{(2.533 \times 10^{11})\,\ln\,(r_{max}/r_{min})}{rpm^2}$$

（r：回転半径）

プロトコール 30
ショ糖密度勾配による DNA 断片の分離

SW41Ti ローターを用い，ショ糖（スクロース）の密度勾配中で 3 kb と 0.5 kb の DNA 断片の分離する例を述べる．きれいに分離するには 3 倍以上サイズの差が必要である．

DNA の分子量と沈降距離の関係は次の式で表される．

$$\frac{D_2}{D_1} = \left(\frac{M_2}{M_1}\right)^K \qquad \begin{array}{l} K = 0.35 \text{（二本鎖）} \\ K = 0.38 \text{（一本鎖）} \end{array}$$

〔2 種類の DNA 分子の分子量を M_1，M_2 とし沈降した距離をそれぞれ D_1，D_2 とする〕

準備

- DNA 試料（in TE）
- 5％および 20％スクロース*
- 専用の（半）透明超遠心 13 mℓ チューブ
- 10 mg/mℓ エチジウムブロマイド（EtdBr）
- グラディエントメーカー
- SW41Ti ローター
- 超遠心機
- 試料回収器具（97 ページ 参考，参照）
- n-ブタノール
- 3 M 酢酸ナトリウム（pH 8.0）
- 70％／100％ エタノール

* TE，0.1 mg/mℓ の EtdBr 入り

手順

1. グラディエントメーカーと，20％（先に出る方）および 5％（後から出る方）スクロースを用い，遠心チューブに計 12.5 mℓ の密度勾配カラムを作り，1 時間静置する
2. DNA 試料コツ1 に EtdBr を 0.5 mg/mℓ に加え，上記密度勾配カラムに重層する注意．
3. ローター温度が 20 ℃で安定したら，41,000 rpm で 3 時間遠心するコツ2, コツ3．ブレーキは使用しない
4. DNA バンドが目視できるので，目的バンドを注射針で回収する（97 ページ 参考，参照）

❺ ブタノール抽出で色素を除き，酢酸ナトリウムを加えてエタノール沈殿する
❻ エタノールリンスの後，適当な溶液に溶かす

コツ　1：1バンドが数μg以上になるように試料を調製する．
2：遠心条件はDNAサイズとローター性能から，適宜変更してよい
3：バランスには充分注意し，空きバケットも全部かける．

注意　液はチューブほぼ満杯に入れ，足りない場合はTEを重層する．

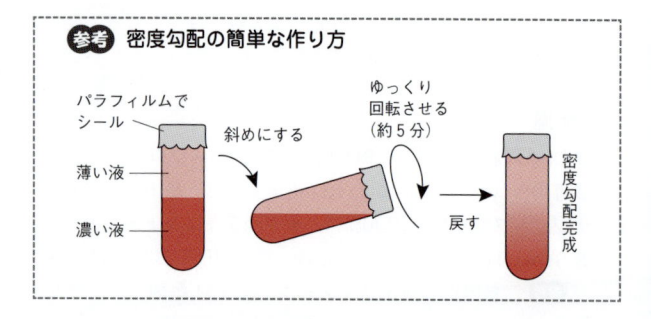

参考　密度勾配の簡単な作り方

パラフィルムでシール
薄い液
濃い液
斜めにする
ゆっくり回転させる（約5分）
戻す
密度勾配完成

memo

参考 試料回収法

主に4つの方法がある(『イラストでみる 超基本バイオ実験ノート』p.59参照).
① 上から順に吸い取る(専用の機械を使用)
② チューブの底に毛細管を入れ,ポンプで吸い上げる
③ チューブの底に穴を開け,順に滴下させる
④ チューブの横の注射針で穴を開け,吸い取る〔位置が目視できる場合に有効(下図)〕.

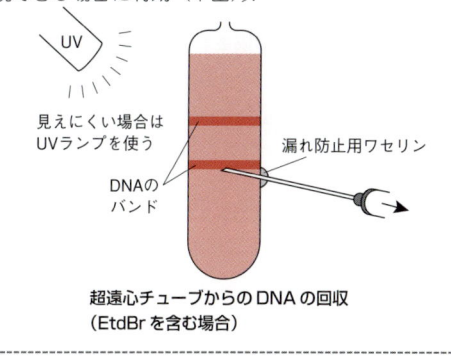

見えにくい場合はUVランプを使う
DNAのバンド
漏れ防止用ワセリン

**超遠心チューブからのDNAの回収
(EtdBrを含む場合)**

プロトコール 31
塩化セシウム平衡遠心による DNA の分離・精製

塩化セシウム中で DNA を精製する．

●飽和濃度
密度の高い塩化セシウムは遠心加速度をかけると，塩が沈降して密度勾配が自然に形成される．遠心中に濃度が飽和濃度（1.91g/cc）を超えないようにする（ローターに添付されたデータを参照）．温度を 20℃ にするのもこの理由による．

●ローター
上の理由により，底部が弱い水平ローターは使用しない（中間部の分離が悪いという理由もある）．

●分離特性
天然 DNA の浮遊密度はおよそ 1.70～1.73g/cc．RNA は飽和塩化セシウムの密度より重い（2.0g/cc）ために沈殿する．タンパク質密度は小さく（1.3g/cc），遠心管の上方に集まる．

→ Data34 塩化セシウム溶液のパラメーター

準 備
●試料 DNA* ●塩化セシウム ●TE ●固定角あるいは（近）垂直ローター（本項では type90Ti ローターの例を示す）と専用チューブ ●超遠心機 ●試料回収器具 ●透析チューブ ●3 M 酢酸ナトリウム（pH 8.0） ●70％／100％ エタノール

*20μg 以上．EtdBr 添加法であれば 5μg 以上，10 mg/ml EtdBr

手順

① DNA試料に塩化セシウムを加えて溶かすが、濃度は下記を目安にする．必要があればEtdrを0.5 mg/mlに加える

回転数（rpm）	濃度（g/ml）	遠心時間（hr）*
35,000	1.71	40（推奨しない）
50,000	1.55	24
70,000	1.32	10
90,000	1.16	6

*（近）垂直ローターを使うとこの時間の半分程度でよく、塩化セシウム濃度も高められる

② 温度20℃で所定の時間運転[注意1]する．ブレーキは緩めにする
③ チューブから試料を連続的に回収し（後述）、適当な方法でDNA濃度をモニターし、ピーク部分を集める
④ EtdBr除去のためTEに対して3時間以上透析する[コツ]．チューブは浮かせ、撹拌しない．
⑤ 酢酸ナトリウム添加後、エタノール沈殿、エタノールリンスし、DNAを適当な溶液に溶かす

【EtdBrを添加した場合[注意2]】
97ページ 参考 に述べた方法でDNAバンドを注射針で吸い取り、ブタノールで色素を除く．

注意 1：長時間運転はインバランスの原因になりやすく、極力避ける．
2：EtdBrを加えるとDNAの密度が想定値より下がる．

コツ 試料をTEで4倍以上に希釈すれば、酢酸ナトリウムを加え、そのままエタノール沈殿できる．

参考 DNA同士の分離

DNA同士や、相補鎖〔0.4M リン酸カリウム（pH 12.1）でアルカリ性にする〕分離も可能である．

プロトコール 32
形態による DNA の精製

エチジウムブロマイド（EtdBr）結合で DNA 密度が下がるが，EtdBr 結合量が線状 DNA に比べ閉環状 DNA では少ないため，この密度差を塩化セシウム平衡遠心により分離する．プラスミド精製に使われる（☞ 7 章-6）．

準備

→基本的にプロトコール 31 と同じ．
● 試料 DNA（5 μg 以上：線状と閉環状を含む）　● 10 mg/ml EtdBr　● ローター*
＊本項では近垂直ローター「NVT90」の使用例を記す

手順

→基本的にプロトコール 31 と同じ．（以下の異なる部分を記す）

❶ 3.8 ml の DNA 溶液に EtdBr を 0.2 ml に加え，4 ml とする
❷ 4 ml に 4 g の塩化セシウムを加える．液量が 5.1 ml，濃度は 780 g/l〔（50％ W/W），密度：1.58 g/cc〕となる（→ Data34）
❸ 専用の 5 ml チューブに入れ，20 ℃で，80,000 rpm コツ1，3.5 時間遠心する
❹ 2 本のバンドが出るので，目的のバンド コツ2（上：開環状 DNA，下：閉環状 DNA）を注射針で吸い取る
❺ プロトコール 31 のように，ブタノールによる脱色，TE に対する透析後にエタノール沈殿し，DNA を適当な溶液に溶かす

コツ　1：回転数を上げれば，より短時間の遠心で済む．
　　　2：開環状 DNA は線状 DNA の直下に来る．通常は分離しないが，EtdBr の代わりにヨウ化エチジウムを使うと分離できる．

第4章-1
DNAシークエンシング
ダイデオキシ法で塩基配列を読む

さまざまなDNAシークエンシング法

　DNAシークエンシングは，酵素合成に基づくサンガー法が一般的で，通常2′3′-ダイデオキシヌクレオチド（ddNTP）を用いて鎖合成を塩基特異的に停止させるため，ダイデオキシ法とも呼ばれる．以前は一本鎖鋳型にプライマーをハイブリダイズさせて反応させていたが，適当な酵素を使えば，変性二本鎖DNAを直接鋳型にすることができる（本項でもこの方法を述べる）．

　アイソトープを取り込んだ反応物を変性ゲルとオートラジオグラフィーで分離・解析するか，蛍光色素を取り込んだ反応物を蛍光検出器を備えたオートシークエンサーで解析する．PCRを応用すれば，極少量のDNAで反応を済ませることができる．これをダイレクトサイクルシークエンシングと呼ぶ．

> **参考　一本鎖DNAの調製**
>
> 目的断片をファージミドにサブクローニングし，ヘルパーファージ感染により一本鎖DNAをもつファージを産生させ，常法に従ってDNAを精製する（☞ 7章-7）．

> **参考　もう1つのシークエンス法（マクサム-ギルバート法）**
>
> DNAの微細構造解析や，サンガー法でどうしても解読できない時に用いることがある（参考書籍『改訂 遺伝子工学実験ノート 下巻』p.53参照）．アイソトープ標識DNAを塩基特異的な化学修飾の後で切断し，シークエンスゲルで分離・解析する．

プロトコール 33
アイソトープを使うマニュアルシークエンシング

プロトコール全体は，
- Ⅰ：鋳型 DNA のアルカリ変性
- Ⅱ：プライマーのアニール，アイソトープ標識基質の取り込み／ddNTP の個別の取り込み/合成停止というシークエンシング反応
- Ⅲ：尿素入りポリアクリルアミドゲル（シークエンスゲル）による反応物の分離と，オートラジオグラフィーからなる．ゲル作りが必要で，操作が煩雑なため，行われない傾向にある．

Ⅰ：鋳型 DNA のアルカリ変性

準備

- 精製されたプラスミド DNA（約 0.3～1 μg/ml）コツ
- 2 N NaOH
- 3 M 酢酸ナトリウム（pH 4.8）
- 70％／100％冷エタノール
- 滅菌 SP 水

コツ この方法ではある程度の DNA 純度が必要．アルカリ溶解法（☞7章-6参照）と PEG 沈殿（☞2章-3プロトコール7参照）を組み合わせるか，市販のキットで精製する．RNA は除去する

手順

1. DNA 2μg に SP 水 8μl，NaOH を 2μl 加え，室温で10分間保温の後，酢酸ナトリウムを 3μl 加える
2. SP 水を加えて 20μl とした後，エタノール沈殿，エタノールリンスし，乾燥させる
3. 使用前に DNA を 10μl の SP 水に溶かす

Ⅱ：シークエンス反応 [α-³²P] dCTP を用いる場合 コツ1

準備

● Sequenase Ver.2.0 T7 DNA ポリメラーゼと 5×反応液および希釈液（GE ヘルスケアバイオサイエンス社）　●ラベリング Mix（1.5 μM dATP/dGTP/dTTP）　●4種（A, G, T, C）のターミネーション Mix（例：ddG の場合は 80 μM の dGTP/dATP/dCTP/dTTP と 8 μM の ddGTP、そして 50 mM NaCl）　●チェイス溶液（180 μM の dGTP/dATP/dCTP/dTTP と 50 mM NaCl）　●反応停止液（95％ホルムアミド、20 mM EDTA, 0.05％ BPB, 0.05％ XC-FF）　●Ⅰで変性した DNA*　●TE　●滅菌 SP 水　●[α-³²P] dCTP（1,000 Ci/mmol）　●恒温水槽

＊0.5〜2 pmol/10 μl が望ましい

手順

❶ Ⅰで変性した DNA 7 μl にプライマー 1 μl、5×反応液 2 μl を加え、65℃、2 分間保温後、室温で 30 分置く [†]
→以降は RI 実験室で行う

❷ A, C, G, T 用の別々のチューブにそれぞれのターミネーション Mix を 2.5 μl 入れ、37℃に保温しておく

❸ †のチューブに以下のものを加え、15.5 μl として 37℃、5 分間保温する（→ラベリング）

0.1 M DTT	1 μl
ラベリング Mix	2 μl
[α-³²P] dCTP	0.5 μl
Sequenase*	2 μl

＊添付希釈液か TE で 7 倍に希釈したもの

❹ 上の混合液を ❷ のそれぞれのチューブに 3.5 μl ずつ加え、37℃、5 分間保温する（→合成停止）

❺ 必要があればチェイス溶液を 2 μl 加え，37 ℃，5 分間保温する〔→チェイス（反応を先まで延ばす）〕
❻ 反応停止液を 4 μl 加える
❼ 90 ℃，2 分間加熱後急冷し，レーン当たり 2〜3 μl アプライする コツ2

コツ　1：^{32}P の代わりに ^{35}S を用いてもよい．ただし，オートラジオグラフィーの前にゲルのソーキングと乾燥（☞3章-4 プロトコール 27）を必ず行う．
　　　2：凍結保存したものを泳動する前には，再度加熱急冷する．

> **参考 シーケンスキット**
> ヌクレオチドや反応液などのそろったキットが TaKaRa などから出ている（*Bca*Best™ Dideoxy Sequencing Kit）．また，PCR の手法を取り入れたサイクルシーケンスキット（微量のしかも二本鎖をそのまま利用できる）も入手可能（☞4章-1 プロトコール 34）．

Ⅲ：ゲル作製から検出まで

準備（☞3章-4 プロトコール 26）

●変性ゲル溶液　●ゲル板作製パーツ一式　●電気泳動用電源　●3 MM ろ紙　●プラスチックラップ　●ゲルドライヤー（Bio-Rad Laboratories 社 # 583 など）　●X 線フィルム（半切サイズ：コダック社あるいは富士フイルム）　●X 線フィルム用カセット

手順

❶ 3章-4 プロトコール 26 で述べたような 30×40 cm の大型のシークエンスゲルを作製後，シャークコウムを差し込み，1,000 V で 30 分間予備通電する．

❷ ウエルをバッファーで洗浄後,レーン当たり 2 ～ 3 μl をアプライし,BPB が底に到達するまで,1,500 V で泳動する
❸ ゲル板を分解し,ゲルをろ紙に移してからラップで覆ってゲルを乾燥させる コツ 1
❹ 乾燥ゲルをカセットに入れ,ゲル面に X 線フィルムを密着させ,−80 ℃で 1 晩感光させる コツ 2

コツ 1:ソーキングするとバンドはシャープになる(3 章 -4 プロトコール 27 参照).
2:増感紙を入れるとバンドが広がり不鮮明になる.常温で感光させると濃いシャープなバンドが得られない.

参考 フィルムカセットを用いない簡易オートラジオグラフィー

特にシャープなバンドが必要ない場合は,下図のようにゲル板上のゲルに直接フィルムを乗せて感光させる.

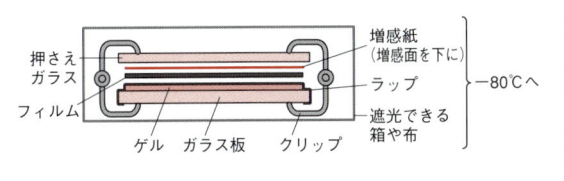

簡易オートラジオグラフィーのやり方

プロトコール 34
サイクルシークエンシングとオートシークエンサーを用いる方法

　二本鎖 DNA や PCR で増幅した DNA を鋳型に，PCR をしながら（一方のプライマーのみ用いる）一本鎖 DNA を増幅する．この過程で蛍光色素を反応物に取り込ませ，反応物を精製した後でシークエンサーで分離・解読する．微量 DNA を試料とすることができる．

　蛍光色素をプライマーに付けるダイ（dye）プライマー法，ddNTP に付けるダイターミネーター法がよく使われる．前者の方が安定に解読できるが，後者は標識プライマーを用意する必要がなく機動性が高い．シークエンサーにはゲル板で行うものと，キャピラリー電気泳動タイプのものがあるが，後者が主流となっている．本項では，Applied Biosystems 社の BigDye® Terminator v3.1 Cycle Sequencing kit を用いた方法の概略を述べる．

I：DNA 調製

　鋳型 DNA は 1 回の解析反応で，プラスミドで 0.1 〜 0.5 μg，PCR 産物で 1 〜 5 ng/100 塩基長もあれば充分だが^{コツ}，次のいずれかの方法を用意する．

コツ　鋳型 DNA は多すぎないようにする

方法 A：プラスミドをそのまま使用する場合

❶ 一晩 1.5 ml 培養し，アルカリ溶解法と PEG 沈殿を組み合わせるか，キットを使って精製する（コロニー中の DNA 解析）
❷ 精製済み DNA はそのまま使える（制限酵素で 1 カ所を切断した方がよい）

方法B：PCR産物が単一バンドの場合

1. 必要断片をPCRする．ミネラルオイルを使った場合は，パラフィルム上で転がしてオイルを除く
2. 液量を100 μlに増やした後，DNAをエタノール沈殿とエタノールリンス，あるいは各社から出ている低分子除去用スピンカラムで精製する［†］

方法C：PCR産物が単一バンドでない場合

1. アガロースゲル電気泳動で目的バンドを切り出して精製する（☞3章-5プロトコール29）

II：シークエンス反応と試料の精製

Applied Biosystems社BigDye® Terminator v3.1 Cycle Sequencing kitに応じた方法を述べる．

手順

1. キットの反応液を8倍に希釈する
2. 以下の反応液を作製する^{コツ}

Iで調製した鋳型DNA	数μl*
希釈済みBigDye®反応液	4 μl
プライマー（2 μM）	1 μl
滅菌SP	10 μlにする

   ＊TEに溶けている場合は5 μlを超えないように

3. 以下の系で反応を行う
   96℃-2分，［96℃-20秒，50℃-30秒，60℃-4分］×25サイクル
4. 方法Bの†と同様の方法で反応物を精製し，最後に乾燥させる

> **コツ** DMSOを加えると結果が良くなる場合がある．

Ⅲ：シークエンサーで解析する

🖋手順：キャピラリータイプ*の場合

❶ 試料を 20 μl の脱イオン済みホルムアミドに溶かし，上と同様に熱変性させる

❷ 試料を専用トレイに入れ，シークエンサーにセットし，マニュアルに従って泳動，分離，解析する
『ゲノム解析実験法 中村祐輔ラボ・マニュアル』p.79 参照

＊ ABI PRISM® 310 ジェネティックアナライザ．

第4章-2
細胞DNAの抽出
材料となるDNAを得る

DNA抽出の概要

　DNAを抽出するには，細胞溶解後にタンパク質を分解し，フェノールで除タンパク質する．高分子DNAは断片化しやすいので，激しい震盪やピペッティングは極力避ける．動物では主に肝臓や血液を用いるが，遺伝子操作マウスのDNA解析では尻尾や耳の一部を用いる．哺乳類細胞は約6 pgのDNAを含み，1 gの組織からは通常数mgのDNAが得られる．　→ Data35　ヒト細胞中の核酸含量など

memo

プロトコール 35

培養細胞や動物組織から DNA を抽出する

SDS で細胞を溶解すると同時にタンパク質を変性し、フェノール、クロロホルムで核酸を抽出し、残存 RNA を分解する。ミトコンドリア DNA も含まれるが、核を精製する場合はプロトコール 36 を参照.

準 備

● 溶解バッファー〔50 mM Tris-HCl (pH 8.0), 0.1 M NaCl, 1 mM EDTA (pH 8.0), 0.5% SDS〕 ● 10 mg/ml RNaseA (下記 参考 , 参照) ● 10 mg/ml プロテナーゼ K (下記 参考 , 参照) ● Tris-フェノール ● フェノール/クロロホルム (4%のイソアミルアルコールを含む) ● 100%/70% エタノール ● TE ● 冷 PBS (−) ● 解剖用具 ● 遠心機

試薬の調製法 ➡ 『バイオ試薬調製ポケットマニュアル』参照

参考 DNase-free RNaseA の作製

0.15 M NaCl, 10 mM Tri-HCl (pH 7.5) に 10 mg/ml になるよう RNaseA を溶かし、沸騰水中で 15 分間加熱し、混在する DNase を失活させたものを−20℃に保存する.

参考 プロテナーゼ K

50 mM Tris-HCl (pH 7.5), 0.1 M NaCl, 10 mM EDTA で 10 mg/ml 溶液を 37℃, 30 分間処理し, DNase などの混在タンパク質を消化したものを使用する.

第4章-2 細胞DNAの抽出

🧪 手順

1. 約 1×10^8 の細胞を冷 PBS（−）で洗う．固形組織（1 g）は冷 PBS（−）で洗い，ハサミで細断する
2. 試料を溶解バッファー 10 ml で懸濁後，プロテナーゼ K を 0.1 mg/ml 加え，55 ℃で一晩緩やかに振盪する
3. 10 ml の Tris-フェノールを加え，4 時間以上緩やかに回転しながら撹拌する
4. 室温で 3,000 rpm，10 分間遠心分離の後，口の広いピペットで水層を回収する
5. 等量のフェノール／クロロホルムを加え，1 時間緩やかに混合し，再度遠心分離し，水層を回収する
6. 中間層がなくなるまでフェノール／クロロホルム抽出を繰り返す（通常数回）
7. エタノール沈殿を行い，ガラス棒で DNA の繊維を巻き取り，70％エタノール中で DNA をすすぐ コツ1
8. 軽く乾燥させた後 10 ml の TE に DNA を浸し，4 ℃で一晩かけて溶かす
9. RNaseA を 40 μg/ml に加え，37 ℃で 1 時間反応する
10. 上記の ❺ 〜 ❽ の過程を繰り返す コツ2
11. 得られた DNA は 4 ℃で保存する

コツ
1：フェノール／クロロホルム抽出の後の試料を透析して，DNA 溶液を得る方法もある．透析は，4 ℃で外液を交換しながら 2 〜 3 日行う．
2：微量 RNA が問題にならない場合は RNase 処理を省いてもよい．

プロトコール 36
核DNAの精製（DNA抽出の準備）

組織をホモジェナイズ後，核を精製し，これをDNA抽出の材料にする．

準備

- PBS（−） ● TNE〔10 mM Tris-HCl（pH 7.5），100 mM NaCl，1 mM EDTA〕 ● TNM〔20 mM Tris-HCl（pH 7.5），100 mM NaCl，1.5 mM $MgCl_2$〕 ● 10% SDS
- 10 mg/ml プロテナーゼK（プロトコール35の 参考 参照） ● ポッター型ホモジェナイザーとモータードライブ ● 遠心機

手順

1. 操作は低温で行う．組織を PBS（−），次に TNM で洗浄し，ハサミで細断する．
2. 1 g に TNM を 20 ml 加え，5〜10回ホモジェナイズする
3. 2,000 rpm，5分間の遠心分離で上清（細胞質，ミクロソーム分画，ミトコンドリア分画）を捨てる
4. ペレット（核分画）に 20 ml の TNE を加えて懸濁する
5. 0.5% SDS で核を溶かし コツ，プロテアーゼKを 0.1 mg/ml 加え，55℃で一晩保温する
6. この後はプロトコール35の手順 ❺〜⓫ を行う

コツ SDSは撹拌しながら徐々に加える．

第4章-3
サザンブロッティング

目的DNAを検出する

サザンブロッティングとは

方法は,
　①DNAの制限酵素消化
　②ゲル電気泳動
　③メンブランへの転移（トランスファー）
　④プローブとのハイブリゼーション
から構成される．メンブランの種類（表4-3-1）により異なる方法があるが，本項では動物細胞のゲノムDNAを材料に，陽電荷をもつナイロンメンブランにDNAをキャピラリーブロッティングで転移させる方法について記す．

表4-3-1 ●サザンブロッティングに使われるメンブランのタイプ

メンブランのタイプ	特徴	DNAトランスファー	DNAの固定	ハイブリダイゼーション
ニトロセルロース	弱いバックグランドが高い	中性（SSC）	熱	デンハルト，キャリアーDNAなどが必要
ナイロン	丈夫	アルカリ中性	UV熱	SSC，SDS中
プラスチャージナイロン	丈夫 DNAを強く結合できる	アルカリ中性	アルカリ UV熱	SSC，SDS中

第4章 DNA解析実験

プロトコール 37

ステップ1
制限酵素の消化とゲル電気泳動

ゲノム DNA を制限酵素で完全消化し，通常のアガロースゲル電気泳動で分離する．

準備

●精製したゲノム DNA（☞ 4章-2） ●制限酵素* ●10×反応バッファー ●TE ●70％／100％エタノール ●3M 酢酸ナトリウム ●フェノール／クロロホルム ●アガロース電気泳動用装置 ●ゲル ●泳動バッファー ●サンプルバッファー ●マーカー ●染色用エチジウムブロマイド（EtdBr）など（☞ 3章-5 プロトコール28）

*通常6塩基切断酵素．大量に加えるので高濃度品が望ましい．

手順：制限酵素消化

❶ 右の反応混合液を作製する

DNA	15 μg
10×反応バッファー	40 μl
制限酵素	150〜300 単位
SP水	400 μl にする

必要に応じて BSA，Triton-X などの安定化剤を加える

❷ 至適温度で8時間以上反応させる^{コツ1}
❸ 等量のフェノール／クロロホルムで DNA を抽出精製する
❹ エタノール沈殿，エタノールリンスの後，10 μl の TE に溶かし，濃度を測定する^{コツ2}

手順：アガロースゲル電気泳動

❶ TAE バッファーで 0.8％のアガロースゲルを作製し，マーカーとともに 5〜10 μg の DNA をアプライする^{注意1}

❷ 電圧を低め（25～50V）に設定し，12cm長のゲルの場合，8～16時間かけて泳動する^{コツ3}
❸ EtdBr染色後，後でバンドの位置がわかるよう，原寸で写真を撮る^{注意2}

コツ
1：完全消化の必要上，DNAは充分精製されてる必要がある．念のため，150単位の酵素を追加し，さらに2時間反応させると良い．
2：ゲノムDNAは粘性が高く濃度が正確になってないことがあり，ここで（サラサラになっている）改めて濃度を正確に求める．
3：BPBが70%位移動した所で泳動を止める．電圧が高いとバンドが乱れる．

注意
1：プラスミドやファージDNAの場合は，DNA量は1/10～1/100で充分である．
2：蛍光で光る定規と一緒に撮るとよい．

プロトコール 38

ステップ2
メンブランへのトランスファーと固定

　ゲルの水分をろ紙を使った毛管現象で吸わせる時にDNAも同時に移動をする．この際メンブランにDNAをトラップするという，キャピラリーブロッティングでDNAを転移させる．メンブランの材質はポジティブチャージをもつナイロンが主流となっている．チャージをもつメンブランではアルカリ中での高速転移が可能で，メンブランへの固定も特には必要ない．10 kbp以上の断片は転移しにくいという問題があったが，酸処理されるとプリン塩基が解離して（デプリネーション）低分子化するという性質を利用し，問題を解決できる．

準備

- トランスファー装置一式（図4-3-1参照）
- 0.25 M HCl，0.4 M NaOH
- 2×SSC（0.3 M NaCl，30 mM クエン酸三ナトリウム pH 7.0）
- ナイロンメンブラン*
- 3 MM ろ紙（Whatman社）
- ペーパータオル

2×SSC→『バイオ試薬調製ポケットマニュアル』p.99参照
*Hybond-N+（GEヘルスケア バイオサイエンス社），Gene Screen Plus（DuPont社）など．

手順

1. ゲルをHCl溶液中で20分間，次にNaOH溶液中で30分間，ゆっくり振盪する コツ1
2. 図4-3-1のように装置を組み，4時間〜一晩放置する コツ2
3. 紙類を除き，ゲルのウエルの位置をメンブランにマークする コツ3
4. メンブランを2×SSC中で15分間振盪し，ろ紙上で水分を除く

第4章-3 サザンブロッティング

❺ 必要があればUVクロスリンカーを用い，DNAが付いてる方を上にして0.12 Jを照射し，DNAを固定する ^{コツ4}

> トランスファーの後でアルカリ変性とDNA固定（NaOH溶液をしみ込ませたろ紙の上にメンブランを20分間置く）を行い，2×SSCですすぐ方法もある

コツ
1：低分子DNAの分解を避けるため，ゲル上部だけ処理してもよい．
2：トランスファー液が直接ろ紙に触れないよう，ラップでカバーする．
3：ゲルをEtdBr染色し，DNA転移のチェックをする．
4：チャージのないメンブランでは必須．ニトロセルロースメンブランは減圧オーブンで（そうしないと燃えるので），加熱（80℃，2時間）固定する．

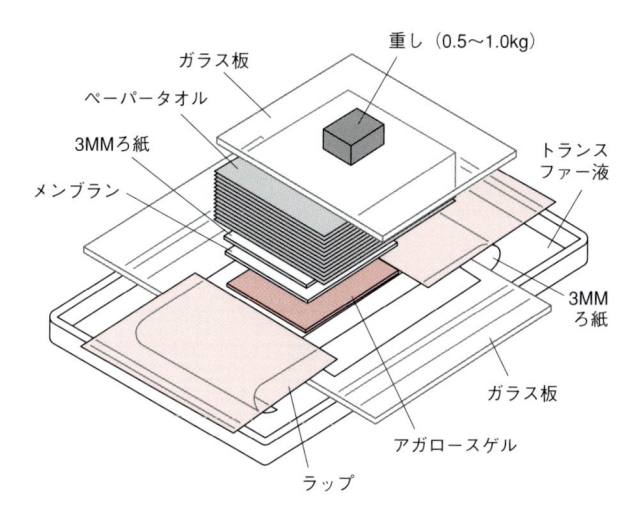

図4-3-1 ● トランスファー装置

参考 ニトロセルロースやチャージのないメンブランの場合

アルカリ変性後ゲルを SP 水で洗い，0.24 M Tris-HCl（pH 7.5）− 0.6 M NaCl 中に，1 度液交換をし，1 時間浸透しながら中和する．トランスファーには 10 × SSC を用いる．

参考 エレクトロブロッティング

専用器機（日本エイドー NB1513）を使い，SP 水で脱塩したゲルを 0.5 mM Tris-酢酸バッファー（pH 8.0），0.25 mM EDTA 中に沈め，タンク内で電気的（200mA，15 分間）にトランスファーする方法もある．転写後に DNA を変性し，2 × SSC ですすいだ後で UV 固定する．

memo

プロトコール 39

ステップ3 ハイブリダイゼーションおよび検出

　放射標識したDNAプローブでハイブリダイゼーションし，オートラジオグラフィーで検出する．メンブランは下記参考に従いプローブを除去すれば，10回程度は再利用できる．

準備

- DNAが変性固定されたメンブラン　●プローブDNA*
- プラスチックバッグ　●ポリシーラー　●ハイブリダイゼーション溶液（4×SSC，2% SDS）　●洗浄液Ⅰ（2×SSC，0.1% SDS），洗浄液Ⅱ（0.2×SSC，0.1% SDS）
- 洗浄液Ⅲ（0.2×SSC）　●オートラジオグラフィー器具（X線フィルム）

*ランダムプライマー法で作製したもの（☞ 4章-4 プロトコール40参照）．$1×10^8$ cpm/μg以上の比活性が望ましい．

方法A：ナイロンメンブランの場合

1. メンブランをハイブリダイゼーション溶液に浸し，65℃，30分間置く
2. プローブは100℃，5分間加熱後氷中で急冷しておく
3. プラスチックバッグの中にメンブランを入れ，ポリシーラーで二重にシールをする．バッグの隅を少し切り，メンブランが完全に浸る最低量のハイブリダイゼーション溶液とプローブ（約$1×10^6$ cpm/ml）を入れ，再度シールする コツ1
4. 回転撹拌しながら65℃で一晩保温する コツ2
5. メンブランをトレイに入れ，洗浄液Ⅰで軽く洗った後，洗浄液Ⅱで2回（65℃，30分間）振盪しながら洗浄する
6. 洗浄液Ⅲですすいだ後風乾し コツ3，ラップで包み，−80℃でオートラジオグラフィーする コツ4

コツ
1：気泡が入らないように工夫する．
2：脱イオンホルムアミドを50％加え，温度を42℃で行う方法もある．
3：GMサーベイメータでバックグラウンドが低いことを確かめる．
4：得られたシグナルと撮影しておいたゲルの写真から，バンドのサイズを求める．

方法B：従来法（ニトロセルロースメンブランの場合）

❶ バッグ内でメンブランを，5×SSC，1% SDS，5×デンハルト，0.1 mg/ml 変性サケ精子DNA中で，65℃，2時間保温する

❷ バッグの隅を切って液を出し，プローブの入った上記と同じ溶液を入れ，ハイブリダイゼーションする

❸ その後は方法A❺，❻と同様，洗浄，オートラジオグラフィーする

デンハルト ➡ 『バイオ試薬調製ポケットマニュアル』
p.105 参照

参考　メンブランの再利用

0.2 N NaOHに1時間浸し，水洗後0.2 M Tris-HCl（pH 7.4），0.1％ SDSで中和し，0.1×SSC洗浄後−20℃で保存する．

第4章-4
DNAの標識

核酸解析用のプローブを作る

様々なDNAの標識法

DNA／RNA標識法には内部標識法と，末端標識法がある（図4-4-1）．前者は比活性の高いものが得られ，ハイブリダイゼーション用プローブに適し，後者は核酸の末端構造解析にも用いられる．DNA合成反応による末端標識では，dNTPの使い分けによる特定位置の標識も可能である．どの反応を利用するかは，酵素の性質を調べて決める（☞ 3章-1）．

反応のポイント

ホット（RI：ラジオアイソトープ）基質は，DNA／RNA合成段階で取り込ませる場合はα位標識のdNAP／NTPを使い，リン酸を転移させて取り込ませる場合はγ位が標識されたATPを使う．高比活性で標識する場合，コールド（非RI）基質は加えず，RI自身の比活性（Bq/mmolの単位で示される）も高くする（反応持続性は無視する）．比活性の高いプローブは，DNAの剪断やβ線による破壊が顕著なため，早めに使用する．

A）核酸標識方法

分類	方法 [酵素]
①*1	・ランダムプライマー法 [クレノーフラグメント] ・ニックトランスレーション法 [大腸菌DNA pol I, ⊕ニック導入用DNase I] ・PCR法 [Taqポリメラーゼなど]
②	5′突出末端の修復 [クレノーフラグメント, T4 DNAポリメラーゼ]
③	3′突出末端の削除と修復 [T4 DNAポリメラーゼ]
④*2	5′端へのリン酸付加（5′突出型でないと効率が悪い） [T4 ポリヌクレオチドキナーゼ, ⊕脱リン酸用アルカリホスファターゼ]
⑤*1	RNAポリメラーゼ [T3, T7, SP6など, およびrun-off用制限酵素]

*1：①と⑤は内部標識法に分類される
*2：オリゴヌクレオチドも可能
⊕：その酵素が必ずしも必要でない時もある

B）標識される位置

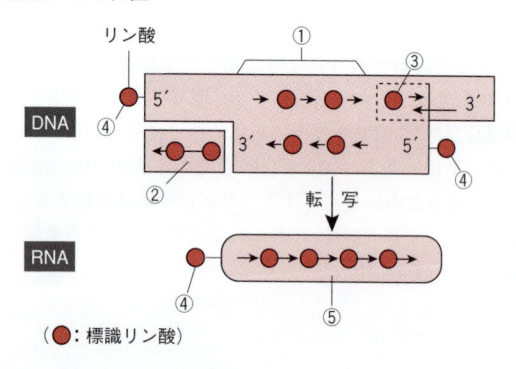

図4-4-1 ● RIを用いた核酸標識法のアウトライン

プロトコール 40
ランダムプライマー法

ランダムオリゴマーを変性DNAにアニールさせ、クレノーフラグメントによるDNA合成反応を行って、RIを取り込ませる。

準備

- 鋳型DNA（10～50 ng/μl）　●クレノーフラグメント
- ランダムオリゴマー（GEヘルスケア バイオサイエンス社、TaKaRaなど。A_{260} = 100になるようTEで希釈）　●25 mM DTT　●コールド基質〔各0.1 mMのdATP/dGTP/TTP〕、5×反応液（1 M HEPES-NaOH（pH 6.6）、25 mM $MgCl_2$〕
- [α-^{32}P] dCTP（110 TBq/mmol = 3,000 Ci/mmol、370 MBq/ml）

試薬の調製法 ➡ 『バイオ試薬調製ポケットマニュアル』参照

手順

❶ 鋳型DNA（10～50 ng/μl）注意1 を沸騰水中で3分間加熱後、氷水で急冷する

❷ 以下の反応系を作る

変性DNA	1～5 μl
ランダムオリゴマー	1.5 μl
DTT	1 μl
コールド基質	5 μl
5×反応液	5 μl
[α-^{32}P] dCTP	5 μl
SP水	計25 μlにする

❸ クレノーフラグメント2単位を加え、軽く撹拌後、室温で3時間、あるいは37℃で0.5～2時間反応させる注意2

❹ 必要があれば65℃, 10分間の加熱か, 0.5% SDS／5 mM EDTAの添加で反応を止める

注意 1：DNAが短い（250 bp以下）と標識効率が低下する．
2：酵素は高濃度で凝集し，失活するので加えすぎない．室温反応もその理由による．
撹拌は軽くタッピングする程度でよい
大部分のRIが取り込まれ，$1 \times 10^9/\mu g$の高比活性プローブができる．

参考 PCRによる標識

上の反応の応用として，PCRをしながら高比活性プローブを合成することができる．ただホットの基質濃度が低いので，PCRが何サイクルも維持されることはない．

参考 TdTによる3′端標識

末端ヌクレオチド転移酵素（TdT）を用い，DNAやオリゴヌクレオチドの3′端に複数の標識ヌクレオチドを付加できる．5 mMの塩化コバルト，20単位／μlの酵素を加え，37℃で15分間反応させる

参考 反応物の精製

ゲルろ過法（☞2章-6 プロトコール15参照），スピンカラムを用いる方法（☞2章-7 プロトコール17参照），エタノール沈殿（1回ではあまりきれいにならない）による方法などが一般的である．^{32}Pを用いた場合には，GMサーベイメーターで放射能の位置を随時チェックする．

プロトコール 41

ニックトランスレーション

DNA鎖にDNase Iでニック（切れ目）を入れ，次にニックから大腸菌DNA pol Iで3′側の鎖を削りながらDNA合成させ，RIを取り込ませる．両酵素を同時に加える方法もあるが，取り込み反応に遅れが生ずる．

準備

- 0.03～3 μg/μl DNA
- 0.5 ng/μl 膵臓由来 DNase I
- 1×ニックトランスレーション反応液〔50 mM Tris-HCl (pH 7.5)，10 mM MgSO$_4$，0.1 mM DTT，50 μg/ml BSA〕
- 各0.2 mMのdATP/dGTP/dTTP混合液
- [α-^{32}P] dCTP (110 TBq/mmol ＝ 3,000 Ci/mmol，370 MBq/ml)
- 大腸菌 DNA pol I （2～5単位/μl）

試薬の調製法 ➡『バイオ試薬調製ポケットマニュアル』参照

手順

❶ DNA 1 μlに3×反応液1 μlとDNase Iを1 μl加え[注意1]，37℃で15分間保温する

❷ チューブを氷中に戻し，10×反応液1 μl，RI 5 μl，dNTP混合液1 μlを加える

❸ DNA pol Iを1 μl加え，ごく穏やかに混ぜたら，16℃で2～5時間反応させる[注意2]

❹ 必要があれば65℃，10分間の加熱か，0.5% SDS／5 mM EDTAの添加で反応を止める

注意
1：DNase I濃度はアルカリゲルでチェックし，300～400 bp程度になるようにする．
2：酵素は高濃度で失活するので加えすぎない．高温でスナップバック反応（ヘアピンを作り，戻りながら逆鎖を合成する）を防ぐため，温度を下げる．
標識dsDNAのサイズは400～800 bpとなる．

プロトコール 42

3′突出DNA末端の3′端標識法

T4 DNAポリメラーゼの強力な5′エキソヌクレアーゼ活性を用いて一本鎖部分を内側に少し削り，ポリメラーゼが末端を修復する時にRIを取り込ませる．

準備

- T4 DNAポリメラーゼ（1単位/μl） ● 10×反応液〔0.1 M Tris-HCl (pH 7.9)，0.5 M NaCl，0.1 M MgCl$_2$，10 mM DTT，1 mg/ml BSA〕 ● dNTP混合液[注意1]（1種類のdNTPを除く3種類のdNTP，各1 mMを含む） ● 1種類の[α-^{32}P] dNTP[注意1]（110 TBq/mmol＝3,000 Ci/mmol，370 MBq/ml） ● DNA（標識末端濃度で10〜100 pmol）

試薬の調製法 ➡『バイオ試薬調製ポケットマニュアル』参照

手順

❶ 以下の反応液を作る

10×反応液	2.5 μl
dNTP混合液	1 μl
DNA	0.1〜10 μg [注意2]
RI	2 μl
SP水	計24 μlにする
T4 DNAポリメラーゼ	1 μl

❷ 反応液を穏やかに撹拌の後，30℃，15分間反応させる

❸ 必要があれば65℃，10分間の加熱か，0.5% SDS／5 mM EDTAの添加で反応を止める

注意
1：RIにするヌクレオチドは，塩基配列から判断する．
2：長いDNAほど多く必要．

プロトコール 43

5′突出 DNA 末端の 3′端標識法

クレノーフラグメントが凹んでいる 3′端を埋める時に RI を取り込ませる．

準 備

- クレノーフラグメント（1〜2 単位/ml）
- 10×反応液〔0.5 M Tris-HCl（pH 7.8），0.1 M $MgCl_2$，1 mM DTT〕
- dNTP 混合液 注意1（必要な dNTP を各 1 mM 含む）
- 1 種類の［α-^{32}P］dNTP 注意2（110 TBq/mmol ＝ 3,000 Ci/mmol，370 MBq/ml）
- DNA（標識末端濃度で 10〜100 pmol）

試薬の調製法 ➡『バイオ試薬調製ポケットマニュアル』参照

手 順

❶ 以下の反応液を作る

10×反応液	2.5 μl
dNTP 混合液	1 μl
DNA	0.1〜10 μg 注意3
RI	2 μl
SP 水	計 24 μl にする
クレノーフラグメント	1 μl

❷ 反応液を穏やかに撹拌の後，30 ℃，15 分間反応させる
❸ 必要があれば 65 ℃，10 分間の加熱か，0.5％ SDS／5 mM EDTA の添加で反応を止める

注意
1：標識する塩基により含む dNTP の数や種類が異なる．
2：RI にするヌクレオチドは塩基配列から判断する．
3：長いほど多く必要．

プロトコール 44

5′末端標識法

T4ポリヌクレオチドキナーゼ（T4 PNK）を用いてDNAの5′-OHに，ATPのγ位（ここが標識されてるものを使用）のリン酸を転移させる．オリゴヌクレオチドやRNAもよく標識されるが，平滑末端や3′突出末端では標識効率がかなり落ちる．T4 PNKは逆反応（脱リン酸化）も触媒するため，あえてホスファターゼ処理を行わなくともよいが，脱リン酸した方が確実である．

準備

- 脱リン酸済みDNA（標識末端濃度で5〜30 pmol）*
- 10×反応液〔0.5 M Tris-HCl（pH 7.5），0.1 M $MgCl_2$，50 mM DTT〕
- T4 PNK（10単位/μl）
- [γ-^{32}P] ATP（110 TBq/mmol = 3,000 Ci/mmol，370 MBq/ml）

　試薬の調製法 ➡『バイオ試薬調製ポケットマニュアル』参照

*脱リン酸反応はCIPかBAPを用い，DNAは精製後少量の0.1×TEに溶かす（☞ 3章-2プロトコール19．参照）．

手順

❶ 以下の反応系を組み，37℃，30分間反応させる

DNA	数μl
10×反応液	1.5 μl
[γ-^{32}P] ATP	5 μl
SP水	14 μlにする
T4 PNK	1 μl

❷ 必要があれば65℃，10分間の加熱か，0.5% SDS／5 mM EDTAの添加で反応を止める

第4章-5
培養細胞への DNA 導入
遺伝子を解析する準備

遺伝子の機能をみるための準備

　遺伝子機能の解析を目的として，細胞に物理的にDNAを導入する種々のトランスフェクション法がある（表4-5-1）．ウイルスベクターの感染法は成書を参考にされたい．

参考　血球計算板を用いる細胞数の計測

細胞浮遊液0.5 mlと等量*の0.5%トリパンブルー（『バイオ試薬調製ポケットマニュアル』p.198参照）を混合し，血球計算板のカバーグラス下に染み込ませ，光っている（生きている）細胞を顕微鏡下で計数する（下図）．細胞濃度は以下の式で求める．

$$細胞数/ml = 1\ mm 区画10個分の計測数 \times 10^3 \times 2（希釈倍率）*$$

＊：変更可能

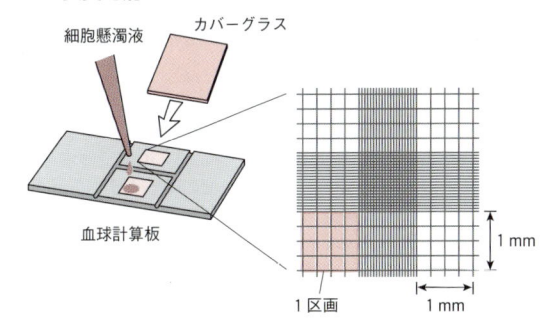

血球計算板を用いる細胞数の計測

基本データ

遺伝子導入の基本的なデータを以下にまとめた．参照されたい．

組織培養用抗生物質 ➡ Data36
培養器の容量 ➡ Data37
よく使われる株化細胞 ➡ Data38

> **参考 細胞の凍結と細胞の融解**
>
> ①対数増殖期の細胞を剥離後遠心（1,200 rpm，4分間）する．
> ②下のいずれかを使い，$1 \sim 5 \times 10^6$ 個/ml に懸濁する．
> ・セルバンカー（三菱化学ヤトロン社）．
> ・10％ジメチルスルフォキシドあるいはグリセロール入り血清入り培地．血清濃度を20～30％に高める．
> ③懸濁液を氷冷してセラムチューブに1mlずつ分注する．発泡スチロール容器に入れ，フタをして－80℃の超低温槽に入れ，翌日液体窒素に移し保存する．
> ④凍結細胞を融解する「起こす」場合は，チューブを37℃の恒温水槽で素早く融解し，氷中に戻す．無菌的に開封した後，上と同じ条件で培地を用いて2回遠心して細胞を洗い，継代培養時の2～10倍の濃度で培養器に播種する．

表4-5-1 ●各種トランスフェクション法の比較

方法	原理	利点	欠点	形質転換効率* 一過性/安定	使える細胞種 付着細胞	使える細胞種 浮遊細胞	使える細胞種 初代細胞
リン酸カルシウム法	DNAとリン酸カルシウムの共沈殿をエンドサイトーシスで取り込ませる	簡便で安価	条件設定が必要. 多量のDNAが要る	+/+	++	−	−
リポフェクション法	カチオン脂質とDNAの複合体を膜融合や貪食により取り込ませる	簡便で,オリゴやRNAにも使える	高価	+/+	+++	−	−〜++
エレクトロポレーション法	高電圧をかけて膜に小孔を開け,取り込ませる	簡便で再現性がよく,細胞を選ばない	特別な機器が必要	+/+	++	+++	−〜++
DEAEデキストラン法	陽電荷をもつDEAEデキストランとDNAの複合体をエンドサイトーシスで取り込ませる	簡便で安価	条件設定が必要. 細胞毒性がある	+/−	+	+	−
マイクロインジェクション法	細い針で細胞に直接微量注入する	高効率	高価. 熟練を要する. 扱う細胞数が少ない	+/+	++	−	+

*一過的 (transient) な発現のための解析, あるいは安定 (stable) な組み込みに関して

プロトコール 45

トランスフェクション法①
リン酸カルシウム法

準備

- 2×HBS（42 mM HEPES, 0.274 M NaCl, 10 mM KCl, 1.5 mM リン酸二ナトリウム, 0.2% D-グルコース（pH 7.10±0.5 コツ1）*
- 2 M $CaCl_2$ *
- 15%（V/V）グリセロール溶液（15% 滅菌グリセロール, 1×HBS）
- PBS

HBSの調製法 ➡『バイオ試薬調製ポケットマニュアル』
p.187 参照

＊ろ過滅菌して分注し，-20℃保存．

手順

1. 前日に100 mmシャーレに細胞を $5×10^5$ 個播く
2. 培地交換し，数時間後にDNA-リン酸カルシウム沈殿を少しずつ細胞全体に滴下する．沈殿は次のように作る
   ① 440 μl の滅菌水にDNA（10～30 μg）を溶かし，$CaCl_2$ を60 μl 加える
   ② 連続撹拌，あるいはピペットで泡を発生させながら，500 μl の2×HBSを極少量づつ滴下する
   ③ 30分間放置して沈殿を熟成させる コツ2
3. 4時間培養後培地を除き，グリセロール溶液を加え1～3分間放置する
4. 吸引後細胞をPBSで洗い，培地を加えて培養する

> **コツ**
> 1：導入効率は沈殿の大きさ（pHで変化する）に依存するため，pH 7.05, 7.00, 7.15の3種類を作製して予備実験する．
> 2：顕微鏡で沈殿がブラウン運動で振動して見える状態のものがよい．

プロトコール46
トランスフェクション法②
リポフェクション法

用語はリポソーム（人工の脂質二重膜）に由来する．
ここではInvitrogen社のキットを使用する方法[コツ1]を紹介する．

準備

●リポフェクトアミン試薬　●プラス試薬，およびOPTI-MEM培地（あるいは無血清培地）＊
＊いずれもInvitrogen社．

手順

1. 60 mmシャーレに5～70%コンフルエントの細胞を用意する
2. 0.5～5 μgのDNAをOPTI-MEM 250 μlで希釈し，プラス試薬8 μlを加え，15分間置く
3. 別のチューブにOPTI-MEM 250 μlとリポフェクトアミン試薬12 μlを加えておく
4. 両者を混合して15分間放置し，その間，細胞をOPTI-MEMで2回洗浄し，OPTI-MEMを2 ml加えておく
5. DNA-リポフェクトアミン混合液を均一に細胞に滴下する
6. CO_2インキュベーターに2時間置いた後，通常培地に換えて培養を継続する[コツ2]

[コツ]　1：この他にもTransIT®（Mirus社）やFuGENE6（Roche社），オリゴヌクレオチド用のOligofectamine（Invitrogen社）やTransIT-TKO®（Mirus社），siRNA用のRNAifect（Qiagen社）などがある．
　　　2：血清濃度2倍の培地でもよい．

プロトコール 47

トランスフェクション法③
エレクトロポレーション法

準備

- ジーンパルサーおよび専用キュベット（Bio-Rad Laboratories 社）
- PBS フィルター*

*滅菌し冷蔵保存.

手順

1. 前日に細胞を植え継ぎする．DNA（0.5〜2 mg/m*l*）20 μ*l* を準備する ^{コツ 1}
2. 細胞を剥離後 PBS で 3 回洗浄し，細胞懸濁液（1×10^7/780 μ*l* PBS）を準備する
3. DNA を加え，冷却したキュベットに入れた後，電圧 800V，電気容量 25 μF，抵抗無限大で電気パルスをかける ^{コツ 2}
4. 氷中に 5 分間放置した後，培地を加え培養を継続する

> **コツ**
> 1：DNA を制限酵素切断すると導入効率が上がる．
> 2：細胞ごとに電圧（250〜1,000V）と電気容量（25〜960 μF）の至適条件をチェックする．

> **参考** タンパク質の導入
>
> タンパク質にカチオン性タンパク質導入試薬を結合させ，リポフェクション法と類似の方法で，抗体や酵素などを細胞に導入することができる．Chariot Kit（Active Motif 社），Profect（Targeting Systems 社），Pro-Jet™（Pierce 社）などのキットが利用できる．

第5章-1
RNA 操作
RNA を扱う基本について

分解されやすい RNA

RNA はいくつかの物理化学的性質において DNA と異なり（RNA に関する基本データ ➡ Data39 〜 Data41），RNA 分解酵素（RNase）を受けやすいという特徴をもつ．生命活動のある所には例外なく RNase が存在し，RNase 自身が安定で排除し難いため，実験では RNA をいかに RNase から遠ざけるかにまず注意が払われる．

RNA の扱い

表5-1-1 や，表5-1-2 に記した事柄に注意して操作する．RNA の保存もほぼ DNA に準ずるが，以下の方法が一般的．

① 溶液を −80℃に凍結保存
② 塩を加えず，50％エタノール溶液で −20 〜 −40℃に保存
③ 塩を加えず，75％エタノール溶液として −80℃に保存

＊②や③は，酢酸ナトリウム（pH 5.2）を 0.3 M 加え，エタノール沈殿で RNA を回収できる．

表5-1-1 ● RNA ハンドリングの基準

① 手袋を着用する．場合によってはマスクをする
② 専用の RNA 実験台，器具，試薬等を用意する
③ RNase 除去洗剤（アブソルブなど）を使用する
④ 拭ける所は 100％エタノールで拭く
⑤ できるだけ RNase-free の器具や試薬を使用する
⑥ 試薬は RNase-free 水（DEPC 処理水）で調製する

表5-1-2 ● RNA の性質と安定性

物理的性質	
球状構造をとるため粘性はない．タンパク質（特にmRNA）やいろいろな素材（ニトロセルロース，透析チューブなど）に結合しやすい	
切断	
物理的力	比較的強いが，高分子RNAは熱や凍結で徐々に切断される
pH	pH 5〜6の微酸性で最も安定．アルカリ性では加水分解される
酵素	各種RNase（多くが金属非依存的なため，EDTAで不活化できない） 非常に安定で，通常のオートクレーブでは完全に不活化できない
結合物質／化学変化	
タンパク質，重金属，ヨウ素，エチジウムブロマイド（わずかに） 化学的にはDNAより不安定．紫外線に対しては安定	
変性	
変性要因／ 二本鎖安定化要因	DNAと同じ（表2-2-1参照） RNA：DNAハイブリッドは DNA：DNAより安定
酵素	各種RNAヘリカーゼ

RNase の不活化

器具を再利用する場合は，RNase の不活化を行う．DEPC 処理に関しては後述．

プラスチック器具：0.1 M NaOH + 1 mM EDTA（あるいは 1% SDS in エタノール）に2時間以上浸し，エタノール，DEPC 水の順ですすぎ，100 ℃，15 分間加熱する．

ガラス器具：DEPC 水に一晩浸し，30 分間オートクレーブする．

乾熱滅菌：4 時間以上乾熱滅菌する．

火炎滅菌：ピンセット，スパーテル，ハサミ，メスなどを焼く．

注意 オートクレーブではRNaseを完全に不活化できない．

pH電極：70% エタノールに 30 秒間浸し，1 M NaOH に 5 分間浸した後 DEPC 処理水ですすぐ．

電気泳動タンク：1% SDS で拭き，水洗の後エタノールですすぎ，3% 過酸化水素水に 10 分間浸す．使用前に DEPC 処理水ですすぐ．

DEPC 処理水

DEPC（diethylpyrocarbonate：ジエチルピロカーボネート　MW=162.1）は芳香性試薬で，タンパク質（一部核酸にも）に結合し，RNase を阻害する．引火性，有害性のため，原液はドラフトで扱う．15 分間の煮沸で分解される．

● DEPC 処理水の作製

① 1 l の SP 水に DEPC を 1 ml 加え良く撹拌する
　→「DEPC 水」．
② DEPC 水を 15 分以上煮沸するかビンのフタを緩めてオートクレーブする．
　　→「DEPC 処理水」．本書で述べる RNA 用 SP 水．

RNase インヒビター

RNase を含む試料の RNA 操作や，厳密に RNase を不活化したい時に用いる．

ヒト胎盤由来 RNase インヒビター（組換え体もある．51 kDa）：RNaseA と等モルで結合して非競合阻害する．抽出液 1 ml 当たり 1,000 単位加える．一般的．各社から入手可能．

Ribonucleoside Vanadyl Complexes（RVC）：原液 200 mM で Sigma（#R3380）などから入手可能．20 mM になるように加える．

第5章-2 細胞からのRNA抽出と精製

さまざまなRNAの抽出法

細胞の用意

接着細胞であれば細胞シートを，浮遊細胞であれば低速遠心で細胞を集めてから，およそ $1 \times 10^{5 \sim 8}$ 個程度の細胞を PBS（−）で2回洗浄したものを材料とする（**表5-2-1，2**）．RNA分解の危険は抽出の際が最も高い．なお試薬の調製はk『バイオ試薬調製ポケットマニュアル』を参照のこと．

表5-2-1 ● 動物細胞／組織のRNA含量

10^7 cells	3T3	Hela	COS-7
全RNA（μg）	～120	～150	～350
mRNA（μg）	～3	～3	～5

マウス組織（100mg）	脳	心臓	小腸	腎臓
全RNA（μg）	～120	～120	～150	～350
mRNA（μg）	～5	～6	～2	～9

マウス組織（100mg）	肝臓	肺	脾臓
全RNA（μg）	～400	～130	～350
mRNA（μg）	～14	～6	～7

表5-2-2 ● 哺乳類細胞に含まれるRNA種の比率

	mRNA	tRNA, snRNA	rRNA
比率（％）	1～5	15～20	80～85

プロトコール 48

SDS-フェノール法（抽出の基本型）

SDSで細胞を溶解・変性させ，酸性フェノールでRNAを抽出する標準的抽出法．DNAの水和が酸性で低下して中間層やフェノール層に移行するのに対し，RNAは充分水和しているため，水層からRNAを回収できる．

準備：9cmシャーレ1枚分

● 細胞溶解液〔10 mM EDTA（pH 8.0），0.5% SDS〕 ● 細胞洗浄液〔0.1 M 酢酸ナトリウム（pH 5.2），10 mM EDTA（pH 8.0）〕 ● 水飽和フェノール ● 1 M Tris-HCl（pH 8.0） ● 5 M NaCl ● TE ● 冷100％／70％エタノール ● 遠心機

手順

1. シャーレに2 mlの溶解液を入れて細胞を溶解し，15 mlチューブに移す 注意1
2. シャーレを洗浄液2 mlで洗い，液をプールする
3. 4 mlのフェノールを加え2分間よく振る
4. 5,000 rpm，10分間の遠心分離の後，回収した水層に冷Tris-HClバッファー0.44 mlとNaCl 0.44 mlを加え，2倍量のエタノールでエタノール沈殿する
5. 上清をよく除いた後でRNAを0.2 mlの冷TEに溶かし，NaCl 50 mM存在下で再度エタノール沈殿する
6. 2度のエタノールリンスの後，30分間自然乾燥させ，適当なバッファーに溶かす 注意2, 3

注意 1：組織（約0.1 gを使用）の場合，RNaseインヒビターを加えた溶解液を入れ，ポリトロンで素早く（15秒）ホモジナイズした後，すぐにSDSを1％に加えてよく撹拌する．
2：約0.1〜0.2 mgのRNAが得られる．
3：エタノールリンスの後の沈殿は完全に乾燥させない．

> **参考　変法 SDS-フェノール法**
> ①フェノールの後クロロホルム／イソアミルアルコール（24：1）を等量追加して抽出をする→**分離能がよくなる**.
> ②55℃でフェノール抽出する（ホットフェノール法）
> 　→**タンパク質変性効果が上がる**.
> ③エタノール沈殿の塩条件を 0.3 M 酢酸ナトリウムバッファー（pH 5.2～6.0）にする．→**RNA が安定になる**.

memo

プロトコール 49

AGPC（Acid-Guanidium-Phenol-Chloroform）法（GTCを用いる方法）

GTC〔Guanidine thiocyanate（Guanidium isothiocyanate）MW=118.2〕は非常に強いタンパク質変性効果があり，より無傷形のRNAが調製できる．この後，フェノール／クロロホルムでRNAを抽出する．

準備：9cmシャーレ1枚分

- 変性溶液〔4 M GTC，25 mM クエン酸ナトリウム（pH 7.0），0.5％サルコシル：用時にβ-メルカプトエタノールを0.1 mMに加える〕
- 水飽和フェノール
- 80％ エタノール
- 2 M 酢酸ナトリウム（pH 5.2）
- クロロホルム-イソアミルアルコール（24：1）（CIAA）
- イソプロパノール
- 21G針とシリンジ

手順

1. 細胞ペレット0.1 m*l*，あるいはシャーレに2 m*l*の変性溶液[注意1]を加え細胞を溶解・変性させ[注意2]，15 m*l*チューブに移す
2. 21G針を3回通してクロマチンを切断する
3. 0.2 m*l*の酢酸ナトリウム溶液添加後，フェノール抽出をボルテックスで1分間行う
4. CIAAを0.4 m*l*加え再度ボルテックスし，氷上に15分間置く
5. 低温（4℃）で5,000 rpm，20分間遠心し，水層を回収する
6. 2 m*l*のイソプロパノールを加え，室温で10分間放置後，低温で8,000 rpm，20分間遠心分離する
7. 上清を捨て，沈殿を0.4 m*l*の変性溶液に溶かす

❽ 等量のイソプロパノールを加え-20℃，30分間静置後，低温で15,000 rpm，10分間遠心分離する
❾ エタノールリンスの後，適当なバッファーに溶かす^{注意3}

注意
1：変性溶液は室温で3カ月間保存可能．GTCは強い変性剤なので取扱いに注意する．
2：組織（約0.1 gを使用）の場合は変性溶液を添加後，ホモジェナイザー（10回）かポリトロン（15秒）で細胞を壊す．
3：RNAリンス後の沈殿は完全に乾かさない．

参考 セシウムTFA法によるRNAの大量調製

細胞や組織を上記の変性溶液（ただしGTCは5.5 Mと濃い）で溶解・変性し，クロマチン切断処理したものを1.5 g/mlの密度のトリフルオロ酢酸セシウム（セシウムTFA）（＋0.1 mM EDTA）の上に重層し，スイングローターで超遠心分離（25,000 rpm, 20時間, 18℃）する．底に沈んだRNA部分をチューブを切ることで回収し，RNAを80％エタノールでリンスし，少量の1％ SDS入りTEに溶かす．不溶物を除いた後，酢酸ナトリウム存在下でエタノール沈殿，エタノールリンスし，適当なバッファーに溶かす．
セシウムTFA自身にも強いRNase変性作用がある．塩化セシウム（MW=168.4）（5.7M）に代替可能（ただし，DEPC処理する）．

詳細は「改訂 遺伝子工学実験ノート下巻」p.142参照

プロトコール 50

GTCを用いる抽出キット

　GTCは優れたRNA抽出用試薬であり，これを用いるキットが各社から出ている．高価だが便利である．

方法A：TRIzol Reagent（Invitrogen社）

TRIzol Reagent は GTC，フェノール，色素などを含む．基本的には5章-2 プロトコール49のAGPC法の方法に順ずる．

❶ 1gの細胞や組織に15 mlのTRIzol Reagent を入れて，ポッター型ホモジナイザーでモータードライブを使って，5～10回ホモジナイズする
❷ 室温で5分置いた後をチューブに移し，3 mlのクロロホルムを入れて抽出する
❸ 遠心分離後，水層のRNAを7.5 mlのイソプロパノールで沈殿させ，エタノールリンスの後適当なバッファーに溶かす．必要があればさらに精製する

方法B：RNeasy（Qiagen社）

GTCで溶解・変性させたものをシリカメンブランに通してRNAを結合させ，後で溶出する．スピンカラムで操作できる．

❶ シャーレの細胞に10 mM β-メルカプトエタノール入り変性溶液を加えて溶解するが，この後は室温で操作する
❷ クロマチンは21G針を3回通して細断する．組織の場合はホモジナイザーを使う
❸ 変性溶液と等量の70％エタノールを加えて混ぜる
❹ これをスピンカラムに入れ室温5,000×gで遠心分離し，さらにカラムを洗浄溶液を換えて2回で遠心洗浄する（ろ液は捨てる）．
❺ RNaseフリー水を入れ，少し置いてからRNAを遠心溶出する．

プロトコール 51
タンパク質，DNA の分解操作を含む抽出方法

SDS存在下でタンパク質を分解して核酸を得，次にDNAを分解する．それぞれで抽出操作を行うが，RNaseインヒビターを効かせながら操作する．RNAが精製された形で得られる．5章-2 プロトコール48の 注意 を参照．

準備：9cmシャーレ1枚分

● 抽出バッファー〔0.14 M NaCl, 1.5 mM $MgCl_2$, 10 mM Tris-HCl (pH 8.6), 0.5％ NP-40, 以下は用時添加で, 1,000単位/mlの胎盤由来 RNase インヒビターか 20 mM RVC, 1 mM DTT〕 ● プロテナーゼ反応液〔0.2 M Tris-HCl (pH 8.0), 25 mM EDTA (pH 8.0), 0.3M NaCl, 2％ SDS〕 ● プロテナーゼK (20 mg/ml) ● フェノール／クロロホルム ● 冷100％／70％ エタノール ● TE ● $T_{50}E_1$ 〔50mM Tris-HCl (pH 7.8), 1 mM EDTA (pH 8.0)〕 ● 10％ SDS ● 0.5 M EDTA (pH 8.0) ● 1 M 酢酸ナトリウムバッファー (pH 5.2) ● 1 M $MgCl_2$ ● 1 M DTT ● RNase-free DNase Ⅰ

手順

❶ 抽出バッファー0.5 ml，続いてプロテナーゼ反応液0.5 mlを入れて細胞を溶かし，21G針を3～4回通す
❷ プロテナーゼKを0.2 mg/mlに加え，37℃で30分保温する
❸ フェノール／クロロホルムで抽出し，5,000×g, 10分間の遠心分離で上清を得る
❹ 2.5倍のエタノールでエタノール沈殿後，沈殿を0.1 M酢酸ナトリウムバッファー入り70％ エタノールでリンスする

❺ 沈殿を 0.2 ml $T_{50}E_1$ に溶かし,$MgCl_2$ と DTT を 10 mM,0.1 mM に加え,さらに RNase インヒビターを加える(☞ 5章-1 137ページ)
❻ RNase-free DNase I を 2 μg/ml になるよう加え,37 ℃,60 分間保温する
❼ EDTA と SDS をそれぞれ 10 mM,0.2% になるよう加え,フェノール/クロロホルム抽出する
❽ 5,000×g,10 分間遠心分離し,上清を得る
❾ ❹と同様にエタノール沈殿,リンス後,適当なバッファーに溶かす

memo

プロトコール 52

動物組織の処理

RNA 抽出を目的とした哺乳動物からの組織の扱いは以下のようにする．

準備
- 哺乳動物組織　●ハサミ　●冷 PBS（－）　●液体窒素
- 乳鉢またはワーリングブレンダー　●ホモジェナイズ容器

手順
1. 組織をハサミで切り取り，手早く冷 PBS（－）で数回洗浄後，液体窒素に入れる
2. 容器に入れた凍結組織を液体窒素中で保存する．2 年位は安定に保存可能
3. 凍結組織が大き過ぎる場合はアルミホイルでカバーしたハンマーで砕く
4. 液体窒素入り乳鉢かワーリングブレンダー中で組織を粉砕する
5. 粉砕物をホモジェナイズ容器（ポッター型ホモジェナイザーかポリトロン容器）に液体窒素ごと入れ，窒素がなくなったらすぐに変性・溶解液を加えてホモジェナイズ操作を行う（表 5-2-1, 2）

プロトコール 53
ポリ(A)⁺ RNA の精製（Oligo-dT ラテックスを用いる方法）

ポリ(A)⁺ RNA を塩存在下でポリ(A)部分で Oligo-dT と結合させ，低塩濃度溶液で溶出させる．Oligo-dT ラテックスは Oligo-dT セルロースより効率がよい．

準 備

● Oligo-dT ラテックス（TaKaRa：Oligotex™ など）　● 洗浄バッファー〔10 mM Tris-HCl（pH 7.5），1 mM EDTA（pH 8.0），0.1％ SDS，5 M NaCl〕　● 2×溶出バッファー〔10 mM Tris-HCl（pH 7.5），5 mM EDTA（pH 8.0），1％ SDS〕　● フェノール／クロロホルム　● 5 M NaCl　● 3 M 酢酸ナトリウム（pH 5.2）　● RNase-free SP 水　● 冷 100％／70％ エタノール　● 遠心機　● 恒温水槽

手 順

❶ 約 150 μg/50 μl の RNA 溶液に，等量の 2×溶出バッファーを加え，Oligo-dT ラテックス 100 μl と混合する
❷ 65 ℃の恒温水槽に 10 分間保温した後，氷水で急冷する
❸ NaCl を 20 μl 加え，37 ℃に 10 分間置く
❹ 室温で，14,000 rpm，3 分間遠心分離し，上清を除く〔上清はポリ(A)⁻ RNA として保存〕
❺ ラテックスビーズを 100 μl の洗浄バッファーでよく懸濁後，同様に遠心分離し，上清を捨てる
❻ ラテックスビーズに 100 μl の RNase-free SP 水と 2×溶出バッファーを加えて懸濁する
❼ 65 ℃，5 分間保温した後，同様に遠心分離する
❽ 上清を回収し，フェノール／クロロホルム抽出後，再び遠心分離する

❾ 上清に酢酸ナトリウムを 0.3 M に加え（→ここから低温操作），エタノール沈殿する
❿ エタノールリンス後，沈殿を数 μl の RNase-free SP 水に溶かす

手順：樹脂の再生

❶ 取り扱い書に従い，0.1 M NaOH で 1 時間保温して残存 RNA を分解する
❷ 遠心分離で上清を捨て，SP 水で 3〜4 回遠心分離しながら洗浄する
❸ 1×溶出バッファー中で保存する

参考 ポリ(A)⁺ RNA の大量調製

mg オーダーのポリ(A)⁺ RNA の調製は，数 ml の Oligo-dT セルロースカラムを作製して行う．結合（洗浄）と溶出に用いる溶液は基本的には上と同じだが，熱処理とフェノール／クロロホルム抽出は行わない．

第5章-3
特異的RNAの検出

遺伝子発現の解析技術について

様々なRNA検出法

RNAを検出する方法の1つはハイブリダイゼーションによるもので,ブロッティング法と分解酵素(S1やRNaseなど)からの保護に基づく方法がある.もう1つはRNAを逆転写したcDNAを使う方法で,cDNAを直に測定したり(プライマー伸長法),PCRで増幅する方法がある(RT-PCR,リアルタイムPCR).他にcDNAと基盤上のプローブDNAとハイブリダイスさせるDNAアレイ法などがある(表5-3-1).

表5-3-1 ● RNA検出法の種類と特徴

方法	検出感度	特異性	定量性	簡便性	経済性
ドットブロット	△	△	△	◎	○
ノザンブロッティング	△	◎	△〜○	○	○
RNaseプロテクション	○	◎	◎	○	○
S1マッピング	○	◎	◎	○	○
プライマー伸長	○	◎	◎	○	○
RT-PCR	◎	◎	△	○	◎
リアルタイムPCR	◎	○〜◎	○〜◎	○〜◎	△〜○
DNAアレイ	△	△	△〜○	◎	△〜○
DNAチップ	△〜○	△〜○	△〜○	◎	×〜△

プロトコール 54
変性アガロースゲル電気泳動によるRNAの分離

高分子RNAをサイズに従ってゲル電気泳動するには，変性条件で行うホルムアルデヒド入りアガロースが一般に使われる．

準 備

- アガロース電気泳動槽（☞ 5章-1 137ページのようにRNaseを除去する）
- 10×MOPSバッファー〔0.2 M MOPS（MW=209.3），酢酸ナトリウムバッファー（pH 7.0），10mM EDTA（pH 7.0）〕*
- 1% BPB/TE
- サンプルバッファーA（65%脱イオン済みホルムアミド，7%ホルムアルデヒド，1.5×MOPSバッファー）
- サンプルバッファーB（67%グリセロール，0.2% BPB）
- 1 mg/mlエチジウムブロマイド（EtdBr）
- アガロース
- 36%ホルムアルデヒド（ホルマリン）
- RNA用SP水

試薬の調製法 ➜ 『バイオ試薬調製ポケットマニュアル』参照

*1lの調製法：41.9 gのMOPSを800 mlのRNA用SPに溶かし，NaOHでpH 7.0に合わせ，残りの試薬を加えた後1lにメスアップする．オートクレーブしない

手 順

1. 84.5 mlの水に加熱溶解した1 gのアガロースに，冷めてから10×MOPSバッファー10 mlとホルマリン5.5 mlを加え，1%アガロースとする
2. 1×MOPSを泳動バッファーとして，泳動ゲルを作製する
3. RNA試料4 μlにサンプルバッファーAとB，そしてEtdBrを各13, 3, 1 μl加え，65℃で10分間加熱する

第5章-3 特異的RNAの検出

❹ 試料をアプライし，5 V/cm 程度で電気泳動する^{注意}
❺ 検出だけであれば，DNA と同様に EtdBr で染色する
（☞ 3章-4）

注意 MOPS バッファーは次第に緩衝作用が弱まるので，時々電極液を混ぜるか，ポンプで循環させる．

参考　その他の RNA の電気泳動法

チェックだけであれば，サイズに正確に比例しないが，通常のアガロース電気泳動も行える．低分子 RNA を分離する時は PAGE を行う（分離能は 5％ゲル：0.2〜1kb，8％ゲル：0.05〜0.4kb）．水の代わりにホルムアミドを使って変性ゲルを作ってもよい．

---

memo

プロトコール 55

ノザンブロッティング

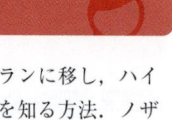

アガロース電気泳動したRNAをメンブランに移し，ハイブリダイゼーションでRNAのサイズや量を知る方法．ノザン（Northern）法ともいい，かなりの部分でサザン法（☞ 4章-3）の技術が使える．

準 備（☞ 4章-3 プロトコール 37〜39 参照）

● 20×SSC ●キャピラリーブロッティング用品 ●ナイロンメンブラン ●クロスリンカー

手順1：キャピラリーブロッティング

1. 4章-3 プロトコール37のようにRNAをアガロースゲルで分離する
2. ゲルを 20×SSC 中で 15 分間，2 回振盪する
3. キャピラリーブロッティングでRNAをメンブランに移し，ゲルとメンブランをUVでチェックし，転移を確認する
4. UVクロスリンカーを使い2〜5分間UVを照射する 注意
5. メンブランは乾燥後，バッグに包み−20℃で保存する

注意 トランスイルミネーターの場合は直に5分間照射する．

手順2：ハイブリダイゼーション

☞ 4章-3 プロトコール 39 に従う

手順3：プローブの除去

1. 1 l の除去液〔10 mM Tris-HCl（pH 7.5），0.1% SDS〕を 100 ℃に加熱する
2. メンブランを入れ，室温になるまで緩やかに振盪する
3. プローブが除けていることをオートラジオグラフィーやサーベイメーターなどでチェックする
4. メンブランをバッグに包み −20 ℃で保存する

memo

プロトコール 56

RNase プロテクション

二本鎖 RNA が RNase に抵抗性であることを利用し，RNA プローブと披検 RNA をハイブリダイズし，RNase 消化抵抗性プローブをシークエンスゲルで分析する．RNA 検出，末端やスプライシング部位の解析に用いられる．

準備

- 3 M 酢酸アンモニウム（pH 5.1）　● 100％／75％ エタノール　●ハイブリダイゼーションバッファー〔80％ 脱イオンホルムアミド, 0.4 M NaCl, 50mM PIPES-NaOH（pH 6.5），1 mM EDTA（pH 8.0）〕　● RNase 反応液〔10 mM Tris-HCl（pH 7.5），5 mM EDTA（pH 8.0），0.3 M NaCl〕
- 1 mg/ml RNaseA　● 10 mg/ml プロテナーゼ K　● 10％ SDS　● 5 mg/ml 酵母全 RNA　●フェノール／クロロホルム　●ホルムアミド色素バッファー〔90％脱イオンホルムアミド，0.025％ XC, 0.025％ BPB, 0.5 mM EDTA（pH 8.0），0.025％ SDS〕　●シークエンスゲル〔8 M 尿素入り 6％ポリアクリルアミドゲル（20×40×0.06cm）〕および TBE バッファー　● 10 mm のクシ幅をもつコウム　●電気泳動用電源　●大型のろ紙およびゲル乾燥機　● X-線フィルムおよびフィルムカセットと増感紙　● RNA プローブ[注意]

注意 プローブデザイン（調製法は 5 章-4 参照）
1：ハイブリダイズする範囲より長くする．
2：検出しやすいよう，出現バンドが 50〜250 塩基長になるようにする．

手順

❶ 試料 RNA（total RNA で 10〜30 μg）とプローブ RNA（数万 cpm）に酢酸アンモニウムを 0.5 M 加えて，エタノ

ール沈殿，エタノールリンスし，軽く乾燥させる^{注意}
❷ 30 μlのハイブリダイゼーションバッファーに溶かし，90℃，5分間加熱後すぐに45℃に移し，一晩ハイブリダイゼーションを行う
❸ RNase反応液0.37 ml，RNaseA 4 μlを加え，30℃，30分間インキュベートする
❹ プロテナーゼKを5 μl，SDSを20 μl加え，50℃で15分間反応させる
❺ 酵母RNAを2 μl加え，フェノール／クロロホルム抽出，エタノール沈殿する
❻ エタノールリンス後軽く乾燥させ，10 μlのホルムアミド色素バッファーに溶解する
❼ シークエンスゲルでDNAサイズマーカー（シークエンス反応物）と共に電気泳動し（☞4章-1），ゲル乾燥後，オートラジオグラフィーでバンドを検出する
❽ マーカーの位置からバンドの長さを求める

> **注意** 試料RNAの代わりに酵母RNAなどを用いるコントロールをとる．

> **参考 RNaseT1の利用**
> より正確な分析のため，RNaseA（CとUの3´側で切断）に加え，RNaseT1（Gの3´側で切断）を0.5 μg/ml加えることがある．Pharmingen社やAmbion社のキットが利用可能．

プロトコール 57

RT-PCR

RT-PCR（reverse transcription PCR）はRNAから逆転写されたcDNAを鋳型にPCRを行い，産物のゲル電気泳動から目的とするRNAのおよその量を知る方法．

I：DNA合成

準備

● total RNA　●逆転写用DNAプライマー（手順参照）　●5×逆転写酵素バッファー〔0.25 M Tris-HCl（pH 8.3, 43℃），0.25 M KCl, 50 mM $MgCl_2$, 2.5 mM スペルミジン（MW＝145.2），50 mM DTT〕　●逆転写酵素（〜10単位/μl）→
Data42 逆転写酵素の特性

手順

❶ RNA/プライマー混合液を次のように作製する

　RNA（2〜10 μg）：ポリ(A)$^+$RNAの場合は0.2〜1 μg
　＜DNAプライマー コツ＞

ランダムプライマーなら	50 pmol
（6 merから9 merの範囲のもの）	
oligo（dT）12-18なら	20 pmol
遺伝子特異的プライマーなら	20 pmol
RNA用SP水で	10 μlとする

❷ RNA/プライマー混合液を70℃，10分間（あるいは90℃，3分間）加熱後氷水で急冷する

❸ ここに以下のものを加え，43℃，60分間反応後，沸騰水で2分間加熱する

5×逆転写酵素バッファー	4 µl
胎盤由来 RNase インヒビター	1 µl（2 単位/µl）
dNTP（各 2.5 mM）	4 µl
逆転写酵素	1 µl
RNA 用 SP 水	total 20 µl にする

❹ 試料は－80 ℃で保存する

コツ 通常はランダムプライマーを用いる．

Ⅱ：PCR と検出

手 順

❶ 上記反応液 1～5 µl を用い，20～30 サイクルの PCR 反応を行う（☞ 3 章-3）コツ 1
❷ 反応液をゲル電気泳動し，染色後にデンシトメーターでバンドを定量する コツ 2

＊逆転写反応と PCR を 1 つのチューブで行うキットが各社から出ている

コツ 1：鋳型 cDNA 量を少なくした方が反応もうまく進み，定量性も上がる．非特異的増幅を減らすため，Tm は高めの方がよい．
2：反応液に[α-^{32}P]dCTP を微量加えると，PCR サイクルの初期の増幅産物をオートラジオグラフィーで正確に定量できる．

参考 リアルタイム PCR

PCR サイクル初期の生成物を検出すると,鋳型量に比例する定量的結果が得られる.反応物結合する色素（SYBR Green）や反応により鋳型から離解して発色する「TaqMan Probe」など感度の高い色素が使われる.

参考 RACE 法

cDNA 末端を PCR で検出する rapid amplification of cDNA ends（RACE）法がある.5´ RACE では上流に付けたホモポリマーの相補鎖と既知内部配列の間で,3´ RACE では下流に付加されるオリゴ dT や他のアンカープライマーと既知内部配列との間で PCR を行う.

memo

第5章-4
標識RNA調製
RNAプローブの調製法について

RNAプローブ合成の概要

DNAを，ファージプロモーターをもつ *in vitro* 転写ベクターにサブクローンし，適当なRNAポリメラーゼで標識ヌクレオチド存在下でRNAプローブを合成する．インサートの上流／下流に異なるプロモーターがあれば（**表7-4-2**，`Data59`）酵素の使い分けにより，それぞれの鎖を転写できる．RNaseプロテクションや *in situ* ハイブリダイゼーション用プローブとして用いる．

memo

プロトコール 58

RNA プローブの合成

準備

- *in vitro* 転写用ベクター（例：pBluescript, pSP6）
- 適当な RNA ポリメラーゼ（SP6，T3，T7）（20単位/μl）
- 適当な制限酵素（転写の下流にある部位）
- 20 mg/ml プロテナーゼK
- Tris-フェノール
- クロロホルム
- フェノール/クロロホルム
- 5 mg/ml 酵母 RNA
- 100%/70% エタノール
- 5×反応液〔0.2 M Tris-HCl（pH 7.5），10 mM $MgCl_2$, NaCl, 20 mM スペルジミン（MW=145.2）〕
- 0.1 M DTT
- 胎盤由来 RNase インヒビター
- $[\alpha\text{-}^{32}P]$ UTP（30TBq/mmol）*
- NTPs 混合液（各 5 mM ATP/CTP/GTP）
- 2 $\mu g/\mu l$ RNase-free DNase
- TE
- 3 M 酢酸ナトリウム
- 3 M 酢酸ナトリウムバッファー（pH 5.2）
- RNA 用 SP 水

* CTP にした場合は，コールドNTPではUTPの代わりにCTPを除く

手順

1. 目的 DNA を，プラスミド中の用いるプロモーター直下に組み込み，プラスミドを精製する（☞ 7章-6）注意
2. プラスミド10 μg を挿入したインサートの転写方向の下流を制限酵素で完全切断する．転写の run-off のために行う
3. プロテナーゼKを 0.1 mg/ml に加え 37 ℃，30 分間反応した後，フェノール，クロロホルムの順に抽出する
4. 0.3 M 酢酸ナトリウムでエタノール沈殿し，エタノールリンスの後 10 μl の TE に溶かし鋳型 DNA とする
5. 以下の反応液で，37 ℃（T3，T7），あるいは 40 ℃で（SP6）60 分間反応させる

鋳型 DNA	1 μg
5×反応液	2 μl
DTT	2 μl
RNase インヒビター	1 μl
[α-^{32}P] UTP	5 μl
NTPs 混合液	2 μl
RNA ポリメラーゼ	1 μl
RNA 用 SP 水	20 μl にする

❻ RNase-free DNase を 1 μl 加え,37 ℃,30 分間反応する
❼ 酵母 RNA 1 μl を加え,フェノール/クロロホルム抽出後,ゲルろ過などで遊離のヌクレチドを除去する(☞ 2 章-6 プロトコール 15)
❽ 必要があれば,酢酸ナトリウムを 0.3 M に加えてエタノール沈殿し,エタノールリンスの後少量の TE に溶かす

注意 RNase プロテクションの場合,披検 RNA の相補的 RNA が合成されるように挿入する.

参考 **ジゴキシゲニン(Digoxigenin:DIG)標識**

非ラジオアイソトープ標識の 1 つ.酵素の付いた DIG 抗体とプローブを結合させ,発色によって DIG プローブを検出する.Roche 社などからキットが発売されている.

第6章-1
タンパク質の濃度測定

タンパク質の濃度測定法について

タンパク質の基本データ

タンパク質を構成している20種類のアミノ酸データや，アミノ酸の遺伝子コードなど，タンパク質に関する諸データを Data43 ～ Data46 に示したので参照されたい．

タンパク質定量法の種類

タンパク質定量法には紫外部吸収法（UV法）と比色法があり，標準物質〔BSA（ウシ血清アルブミン）やカゼインなど〕の値を参照して濃度を求める．感度，利便性，妨害物質などを考慮して，適した方法を選ぶ．

> **参考** UV法
>
> タンパク質は280nmに吸収極大をもち，この波長の吸光度から定量できる．この他ペプチド結合などに依存する短波長（205nmや230nm：感度が良い）も用いられる．260nmの吸光度測定によってより正しい測定ができると共に，核酸の混入も概算できる．→ Data47 **タンパク質の吸光度と濃度の関係**

プロトコール 59

比色法

Biuret法，Lowry法，Bicinchoninate法（BCA法）クーマシーブルーG法（Bradford法）などがあり，表6-1-1のように測定する．

試薬の調製法

Biuret試薬
500 mlのSP水に酒石酸ナトリウム・カリウム12g，硫酸銅5水和物 3gを溶かした後，撹拌しながら10% NaOHとヨウ化カリウム4gを混ぜ，2lにする

Lowry試薬
A液：2％炭酸ナトリウム
B液：0.5％硫酸銅5水和物，1％酒石酸ナトリウム・カリウム

BCA試薬
A液：1％ sodium bicinchoninate，2％炭酸ナトリウム，0.16％ 酒石酸ナトリウム，0.4％ NaOH，0.95％ 炭酸水素ナトリウム
B液：4％ 硫酸銅5水和物

Bradford試薬
0.2g CBB G-250を100 mlのエタノールに溶かし，85％リン酸を200 ml加えた後SP水で2lにし，ろ過する

表6-1-1 ●比色法によるタンパク質の定量

方法	試料量	操作	測定波長	妨害物質
Biuret法	0.1ml	試薬1mlを加える．ボルテックス後20〜30分間置く	540nm	Tris アンモニウム塩
Lowry法	0.1ml	A液とB液の混合液1mlを加え，ボルテックスして10分間置き，フェノール試薬（Folin試薬）0.1ml加え，撹拌後30分間置く	770nm	チオール類 フェノール類 グリセロール キレート剤 Tris，界面活性剤
BCA法	0.1ml	A液とB液の混合液1mlを加え，ボルテックス後30分間置く	562nm	チオール グルコース 硫酸アンモニウム リン脂質
Bradford法	0.1ml	試薬1mlを加え，ボルテックス後5〜30分間置く	595nm	界面活性剤

＊キットの取り扱い説明書により，操作が多少異なる場合がある

原理，特徴	感度	キット*	方法
Cu^{2+}がアルカリ中でペプチドと錯体を形成して呈色する．安定だが感度が低い	40〜200μg		Biuret法
Biuret法を芳香族アミノ酸とフェノール試薬の反応に応用したもの．感度が高いが防害物質も多い	5〜100μg	Pierce Sigma Bio-Rad Laboratories	Lowry法
Cu^{2+}がアルカリ中でペプチド結合やトリプトファン，チロシン，システインで還元されて生ずるCu^+を測定．感度が良く，防害物質も少ない	2〜2.5μg	Pierce Sigma	BCA法
色素とタンパク質との結合．感度もよく防害物質も少ないが，タンパク質による発色の差が大きい	0.3〜5μg	Pierce Bio-Rad Laboratories	Bradford法

第6章-2
タンパク質の取り扱い

実験の一般的指針について

タンパク質の取り扱いの基本

タンパク質は構造,機能,局在に関する多様性が高いため,統一的な実験方法は少ないが,その中でも一定の基準があり,以下に主なものを紹介する.

●取扱いに関する基本的な事柄

タンパク質を扱う場合は,生理的なバッファー条件(0.1〜0.2 Mの塩濃度で中性のpH)の下,低温で操作することが基本だが,他にも表6-2-1の事柄に注意する.凍結は液体窒素を用いて急速に行う.

●安定化のために加えるもの

タンパク質の安定化を目的として,表6-2-2のような試薬が加えられる(表6-2-3).

表6-2-1 ●タンパク質実験での注意

分解の防止	・精製の途中段階では,プロテアーゼインヒビターを加える
保存に当たって	・未知タンパク質の場合,前もって保存条件をチェックする ・活性保持のため,凍結保存する ・50%のグリセロール溶液や硫安沈澱は凍結させない ・酵素などは凍結融解を繰り返さない(小分けを作る) ・液体窒素凍結する場合は10〜20%のグリセロールを加える
操作に当たって	・低温(0〜4℃)で操作し,必要ならば安定剤を加える ・使用した試料を元の保存試料に戻さない ・コンタミネーション防止のため,手袋をする ・強い撹拌や発泡を避ける ・ほこりっぽい所で作業しない(特に構造解析実験)

表6-2-2 ● タンパク質の安定化に寄与する物質

塩	塩（陽イオンと陰イオン）はタンパク質を安定化するが，その程度は以下の通り．硫酸アンモニウムが汎用されるのもこの理由による． ＊陽イオン：$(CH_3)_4N^+ > NH_4^+ > K^+ > Na^+ > Mg^{2+} > Ca^{2+} > Ba^{2+}$ ＊陰イオン：$SO_4^{2-} > Cl^- > Br^- > NO_3^- > ClO_4^- > SCN^-$
タンパク質	低濃度のタンパク質は不安定．他のタンパク質（例：1% BSA）を添加する場合がある
浸透圧維持物質 〈多価アルコール，(多)糖類，中性の高分子化合物やアミノ酸〉	・非還元糖や相当する糖アルコール（例：グリセロール，キシリトール）はアミノ酸と反応しない．10〜40%（w/v）加える ・高分子（例：ポリエチレングリコール）は粘性を高め，凝集を阻止する ・電荷のないアミノ酸（例：20〜500mM のグリシン，アラニンなど）
基質やリガンド	特異的基質，コファクター，拮抗阻害剤などが結合すると，タンパク質のホールディングが安定化し，プロテアーゼ攻撃に耐性を示す
還元剤	・金属イオンで活性化される分子状酸素がチオール（SH）基を酸化するため，キレート試薬（例：EDTA）が効果を発揮する ・還元剤（例：β-メルカプトエタノールやDTT）はチオール基の酸化を防止する

● プロテアーゼインヒビター

タンパク質分解を阻止するために加えるが，複数のプロテアーゼに効くように，複数合わせて用いることが多い．→

Data48 主なプロテアーゼインヒビター

参考 防腐剤

アジ化ナトリウム（NaN3, MW=65.01）を 0.05〜0.1%添加する．抗体を室温郵送する場合に用いられる．危険物および毒物なので，取り扱い注意．

表6-2-3 ● 還元剤：β-メルカプトエタノールとDTT

使用濃度	特徴，注意
β-メルカプトエタノール 5〜20 mM （β-ME，2-ME） MW=78.1，濃度13.6 M	空気中で酸化されやすく（窒素ガスで置換すると長持ちする），悪臭が強い．SH基を保護するが，タンパク質のSH基とSS結合を作って不活化させることもある
1,4-Dithiothreitol 0.5〜1 mM （DTT） MW=154.3	-S-S-を-SHに還元し，自身は酸化される（分子内SS結合形成）ので，タンパク質に影響を及ぼさない．高濃度だと逆に変性剤となる．還元力，安定性の面でβ-MEに勝る

● **界面活性剤**

界面活性剤はタンパク質を安定化し，容器への吸着を防ぐため加えられることが多い．ただ，陰イオン性界面活性剤の多くはタンパク質を変性させる（特にSDS）． → Data49

主な界面活性剤

界面活性剤はある程度ゲルろ過で除けるが，確実には，イオン性のものは8モル尿素で変性後，イオン交換樹脂で界面活性剤を吸着・除去し，透析で尿素を除く．非イオン性の場合はイオン交換カラムでタンパク質を精製する．

● **変性剤，溶解剤**

変性したタンパク質にグアニジン塩酸塩（MW=95.53）を6 M，あるいは尿素（MW = 60.06）を8 Mを加えて可溶化する．変性剤を透析で除き，タンパク質を再生させる．不溶化タンパク質の精製に応用される（☞6章-8）．

第6章-3 タンパク質濃縮法

代表的な沈殿による濃縮法について

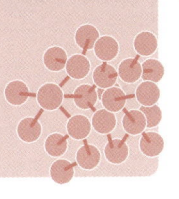

様々なタンパク質濃縮法

タンパク質の濃縮には，沈殿法，水分を蒸発させる方法，限外ろ過法，吸着法などがある（表6-4-1）．

表6-4-1 ●タンパク質濃縮法

	方法	用いるもの	注意，用途
沈殿による方法	硫酸アンモニウム（硫安）による塩析	硫安	多くのタンパク質に使える一般的方法．簡単な精製にも使える（硫安分画）
	有機溶媒による方法	アセトン，エタノール，メタノール，クロロホルム	比較的安定で，低分子量のタンパク質に用いられる
	強酸による方法	三塩化酢酸（TCA）	タンパク質は変性・失活する
低分子のろ過	限外ろ過法	再生セルロース膜，ニトロセルロース膜，コロジオンバック，他	分画する膜のポアサイズや材質がいろいろあり，選べる．遠心機タイプは処理量は少ないが便利
*水分蒸発	減圧濃縮	遠心濃縮機	不安定なタンパク質には使えない
	凍結乾燥	凍結乾燥機	不安定なタンパク質にも使える．グリセロールがあると困難（上も同じ）
	その他の方法	透析チューブ	試料を入れた透析チューブに風をあてるか，セファデックスG-200で包む
カラム濃縮	吸着させた後，少量で溶出する	吸着できる担体（タンパク質に依存する）	タンパク質により使えないものもある．溶出に使った高濃度バッファーを除く必要がある

＊この方法は，どれもバッファー成分がそのまま濃縮される

沈殿による濃縮

タンパク質から水和水を奪ったり，電気的に中和するなどして沈殿させることができ，塩沈殿，有機溶媒沈殿，酸沈殿，等電点沈殿，ポリマー（例：PEG）沈殿などの方法がある．

プロトコール 60

硫安沈殿

塩沈殿による方法．タンパク質は塩を加えると溶けやすくなるが，さらに濃くなると沈殿する〔塩析（salting out）〕．通常は硫酸アンモニウム（硫安）を用いる．

準 備
- 粉末硫安 ● 濃 NaOH 液 ● 高速遠心機 ● ビーカー
- スターラー

手 順
1. スターラーで撹拌しながら試料に硫安粉末を徐々に加えて溶かす．すべて低温で操作する．加える量（下記 参考 参照）は Data50，Data51 から求める
2. NaOH で pH を中性に合わせ，沈殿熟成のためそのまま 30 分間撹拌する
3. 15,000 rpm，15 分間遠心分離し，上清を捨てる
4. 沈殿を少量のバッファーに溶かす．必要があれば残存硫安を除く（☞ 6 章-4）

参考　硫安分画

タンパク質の多くは 65 ％硫安で沈殿し，80 ％だとほぼすべて沈殿する．沈殿する濃度はタンパク質特異的なので，特定濃度の硫安沈殿で目的タンパク質を濃縮できる．

プロトコール 61

アセトン沈殿

有機溶媒沈殿による方法．エタノールやクロロホルム／メタノールによる沈殿法もあるが，よく使われる溶媒はアセトンである．

手順

プロトコール60と類似の方法．

1. 試料に4倍量の冷アセトンを加え，-80℃で1時間（または-20℃で一晩）冷却する
2. 遠心分離で沈殿を回収する

memo

プロトコール 62

TCA 沈殿

　酸沈殿による方法．タンパク質の等電点は一般に酸性なので，酢酸によりタンパク質を沈殿できるが，強酸（例：TCA）を用いるとタンパク質は不可逆的に変性・沈殿する．

手 順

プロトコール60と類似の方法．

❶ 試料に100% TCA（トリクロロ酢酸）を加え，終濃度10%（あるいは5%）にする．

❷ 遠心分離で沈殿を回収する．沈殿をエタノールで洗浄する

TCAの調製法 ➡ 『バイオ試薬調製ポケットマニュアル』
p.134参照

> **参考　限外ろ過**
>
> タンパク質溶液からを水や低分子をろ過する方法．限外ろ過膜がMillipore社からアミコン製品として入手可能．分画分子量は3 kDaから100 kDaの範囲があり，通常は10 kDaに設定する．装置の形状により加圧式（大型．通常はろ過膜YM10やYM30を使用）と遠心管に入れて用いるもの（小型で便利．アミコンウルトラ／アミコンフリー／マイクロコン）がある．膜への吸着でタンパク質の収量が下がる場合は，0.5 MのNaClや0.1%の非イオン性界面活性剤を加えてみる．

第6章-4
低分子の除去

透析とゲルろ過について

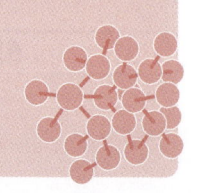

低分子を除去する方法

高分子試料から低分子物質を除去する方法には透析とゲルろ過があり，透析はバッファー置換にも使用される．ゲルろ過には分離能に応じた種々の担体が使われ，精製にも応用される．

●透析

低分子除去の最も普通の方法．透析膜には（膜を通過できる分子のサイズに従い）いろいろなものがあるが，分画分子量 12 kDa が一般的である（例：Viskase 社のビスキングチューブ，Spectrum 社の SpectraPor 4）．タンパク質の場合は，透析チューブの前処理は必須ではない．塩などは 3〜4 時間で外液と平衡化するが，外液が少ない場合は何回か交換する．標準的透析方法は，低温室で一晩，100 倍以上の透析外液で途中2回交換し，スターラーで外液を撹拌しながら行う．詳細は ☞ 2章-6．

●ゲルろ過

原理と方法は ☞ 2章-6 プロトコール15．低分子除去にはセファデックス G10 や G25（GE ヘルスケア バイオサイエンス社の場合）を用いる．分離能確保のため，5 ml のミニカラムで処理できる試料の液量は 0.2 ml 位までとし，試料液量に比例して，カラムサイズも変化させる．吸光度測定でタンパク質のピーク部分を集める．→ Data52 ゲルろ過担体の種類とその性能

第6章-5
細胞からのタンパク質抽出

小規模抽出液の調製法について

小規模なタンパク質抽出の方法

　細胞破壊後，細胞分画を行ってから抽出液を作製するが，破壊法，バッファーの種類，そして操作法を組み合わせることにより，全細胞抽出液，核抽出液，細胞質抽出液などが得られる（図6-5-1）.

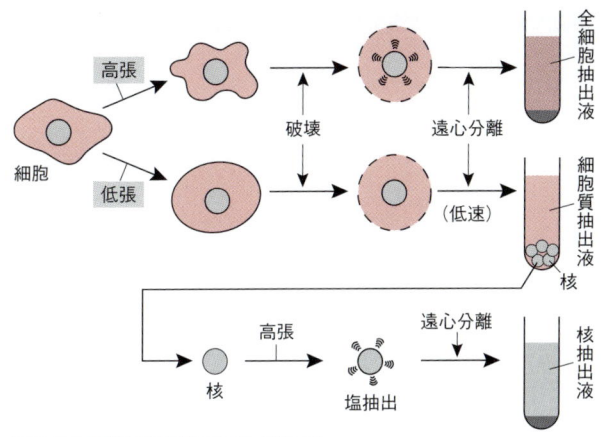

図6-5-1 ●抽出液作製法のガイダンス
〈各ステップの目安〉
　高張/低張＝KCl（NaCl）0.42M/10mM
　遠心/低速遠心＝15,000rpm，10分間/3,000rpm，3分間

細胞の破壊

動物細胞の破壊には，表6-5-1のような方法がある．

表6-5-1 ●細胞破壊法

機械的方法	【ホモジェナイザー】ポッター型（テフロン製），ダウンス型（ガラス製） 【ワーリングブレンダー】容器型．激しい水流と刃で組織や細胞を壊す 【ポリトロン】上の同様で，投げ込み型
超音波	超音波で細胞を壊す
凍結融解	凍結融解を数回繰り返し，細胞膜を弱くする
界面活性剤	細胞膜を溶かす非イオン性のものから，強力な変性効果をもつSDSまで様々
高塩濃度	50%硫安で細胞膜や核膜が破壊され，0.5M NaCl/KClで核膜が破壊される．
低張液	細胞膜が弱いものは膨張して壊れる

memo

第6章-5 細胞からのタンパク質抽出

プロトコール 63

抽出液の調製

タンパク質を変性させないで抽出液を調製する方法.

準 備

【溶液】
- 低塩濃度バッファー〔10 mM HEPES-KOH (pH 7.8), 10 mM KCl, 0.1 mM EDTA〕
- 高塩濃度バッファー〔50 mM HEPES-KOH (pH 7.8)〕, 420 mM KCl, 0.1 mM EDTA, 5 mM $MgCl_2$, 20%グリセロール)

必要に応じて以下のものを使用時に添加する
- 界面活性剤(0.25% NP-40)
- 還元剤〔5 mM β-メルカプトエタノール(BCA法には不適)〕あるいは1 mM DTT (Niアガロース精製には不適)
- プロテアーゼインヒビター〔例:PMSF, アプロチニン, ペプスタチンA, ロイペプチン混合液(→ Data48)〕

【器具】
- ダウンスホモジェナイザー
- 遠心機

【材料】
- 培養細胞を低速遠心(5,000 rpm, 1分間／3,000 rpm, 3分間／1,500 rpm, 5分間)で集め, PBS(-)で洗浄したもの. $1 \times 10^{6 \sim 8}$ 個

試薬の調製法 → 『バイオ試薬調製ポケットマニュアル』参照

方法A:全細胞抽出液調製 (図6-5-1)

❶ 細胞の5倍量の高塩濃度バッファーを加えて懸濁する.
→この後はすべて低温で操作

❷ 細胞を壊す:少量の場合は凍結融解を3〜6回繰り返すか, 25G注射針を5〜10回通す. 細胞が多い場合はペストルA(きつめ)で5〜10回ホモジェナイズする

❸ 15,000 rpm，10分間遠心分離し，上清を－80℃に保存する 注意

方法B：核抽出液調製*

❶ 細胞を5倍量の低塩濃度バッファーに懸濁する．
→この後はすべて低温で操作
❷ 氷中に5分間置いた後，1,300 rpm，5分間の遠心分離で細胞を集める
❸ ペレットを3倍量の同バッファーに懸濁し，ペストルB（緩め）で5～10回ホモジェナイズして細胞を壊す
❹ 1,300 rpm，5分間遠心分離して上清を除き，核を得る
❺ ペレットを500 μlの高塩濃度バッファーに懸濁し，30分間緩やかに回転させる
❻ 24,000 rpm，30分間の超遠心の後，上清を－80℃で保存する 注意

* 10^8程度の細胞が必要である．Dignamの方法に基づく．

方法C：簡易核抽出液調製

❶ 細胞をエッペンチューブに移し，低速遠心で回収，洗浄する．この後はすべて低温で操作
❷ 残液で細胞を懸濁し，NP-40入り低塩濃度バッファー0.4 mlに懸濁する
❸ よくボルテックスして細胞膜を破壊し，低速遠心で核を回収する
❹ 核を高塩濃度バッファー0.1 mlに懸濁し，1時間緩やかに回転させる
❺ 15,000 rpm，15分間遠心分離し，上清を－80℃で保存する 注意

注意 凍結は液体窒素を用いる．そのまま保存してもよい．

プロトコール 64

細胞溶解液の作製

SDS-PAGEを行うことを前提にした，できるだけすべてのタンパク質の変性・可溶化する方法．

手順

1. 遠心分離で $1 \times 10^{4\sim6}$ 個の少量の細胞を集める
2. 20〜200 μlの細胞溶解液〔50 mM Tris-HCl (pH 7.5)，150 mM NaCl，0.1% SDS，1% Na-deoxycholate，1% Triton X-100．用時，1 mMのPMSFと1 mg/mlのアプロチニンを加える〕を加える
3. よくボルテックスし，これを溶解液とする コツ

コツ クロマチンが多すぎて（ドロッとする）吸えない場合は，21G注射針を数回通過させる．

プロトコール 65

動物組織の処理

準備

● 細胞破壊液〔10 mM HEPES-KOH（pH 7.6），15 mM KCl，0.25 M スクロース〕注意1　● PBS（－）　● ポッター型ホモジェナイザーとモータードライブ　● 遠心機　● ハサミ

方法

すべて低温で操作する

1. 組織 1 g を PBS（－）ですすぎ，ハサミで細断する
2. 9 ml の細胞破壊液を加え注意1，モータードライブを用い，10 回ホモジェナイズする
3. 不溶性物質をガーゼで濾し，600 × g で 10 分間遠心分離する（g：重力加速度）
4. 沈殿を核画分，上清を細胞質画分〔＋ミトコンドリア（a）＆ミクロソーム分画（b）〕とする注意2

注意　1：必要に応じて，PMSF，アプロチニンなどを加える．核安定化のため，3 mM Ca^{2+} や 0.15 mM スペルミン＋ 0.5 mM スペルミジンを加えることがある．Mg^{2+} をキレートするとリボソームが解離する．
　　　　2：a は 10,000 × g，10 分間，b は 100,000 × g，60 分間の遠心分離で沈殿できる．

第6章-6
SDS-PAGE
タンパク質を分子量に従って分離する

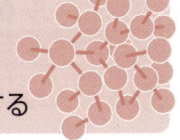

応用性の高い SDS-PAGE

陰イオン性界面活性剤の SDS と反応し，負に荷電したタンパク質を電圧のかかったポリアクリルアミドゲル[注意1]中に置くと，分子量の小さい順に陽極へ移動する[注意2]．これが SDS-polyacrylamide gel electrophoresis（SDS-PAGE）である．タンパク質の分離，検出，分子量測定のほか，二次元電気泳動，精製，ウエスタンブロッティング，ゲル内酵素反応などと応用範囲が広い．

> **注意** 1：アクリルアミドは劇物（神経毒）のため，取り扱いに注意する．
> 2：極端な荷電をもつタンパク質は，直線性からずれる．

ゲル濃度と分離能

SDS-PAGE ではゲルは 5～15％の濃度の範囲で使用されるが，検出したいタンパク質の分子量が不明な場合は 10％ゲルを使用する．広い範囲をカバーできるグラディエントゲル（下記）も用いられる．→ **Data53** SDS-PAGEで直線的に分離できるタンパク質のサイズ

> **参考** グラディエント（濃度勾配）ゲル作製
> 二種類の分離用ゲル溶液に重合剤添加後，グラディエントメーカーに入れ，濃い方から注ぐ．

プロトコール 66

ステップ1
SDS-PAGE用のゲルの作製

　ゲル〔板状（スラブ）ゲル〕は分離用ゲルとその上の小さな濃縮用ゲルからなる．ゲルの組成を表6-6-1, -2に示した．分離用ゲルはタンパク質が負に荷電するようにpHを高くするが，濃縮用ゲルはゆっくりと泳動させるのでpHは微酸性である．濃縮用ゲルを用いない方法もある．

　　試薬の調製法 ➡『バイオ試薬調製ポケットマニュアル』参照

準 備

● 表6-6-1, 2に示した試薬類　● 10×10 cmのゲル板1セット　● 1 mm厚スペーサー　● シリコンチューブ
● 1 mm厚テフロン製コウム　● ろ紙　● 泳動バッファー
〔25 mM Tris-グリシン（pH 8.3）（25 mM トリス塩基，192 mM グリシン）＋0.1％ SDS〕

＊ゲル板をセットし，チューブで液漏れしないようシールしてクリップで止める．

手 順：分離用ゲルの作製

❶ 表6-6-1に従って過硫酸アンモニウムまで混合する
❷ TEMED添加後にゲル板に注ぎ，少量の水か水飽和ブタノールを静かに重層する
❸ 通常10～30分以内に重合する^{注意}

> **注意**　重合速度は低温や酸素で抑制されるので，TEMED量で時間を調整する．溶液を脱気（ろ過ビンに入れ，水流ポンプで引く）すると時間を短縮できる．

🖐 手 順：濃縮用ゲルの作製

1. 分離用ゲル上の水をろ紙で吸い取る
2. 濃縮用ゲル溶液を表6-6-2に従って作製し、ゲル板に注いでコウムを差し込む
3. ゲル化後にチューブとコウムを抜き、泳動タンクにセットして泳動バッファーを満たす（底に空気が入ったら、注射器からバッファーを出して追い出す）

表6-6-1 ● 20 ml 分離用ゲル1枚分の液量（ml）*

試薬	ゲル濃度（%）				
	5	8	10	12	15
1M Tris-HClバッファー (pH=8.8)	5.0	5.0	5.0	5.0	5.0 (0.38M)
30%(w/v) アクリルアミド溶液	3.3	5.3	6.7	8.0	10.0
10%(w/v) SDS	0.2	0.2	0.2	0.2	0.2 (0.1%)
10%(w/v) 過硫酸アンモニウム	0.2	0.2	0.2	0.2	0.2
水	11.3	9.3	7.9	6.6	4.6
TEMED	約10μl	約10μl	約10μl	約10μl	約10μl

カッコ内は最終濃度　＊10×10×0.1cmゲルの場合

表6-6-2 ● 10 ml 濃縮用ゲル1枚分の液量（ml）*

試薬	ml
0.5M Tris-HClバッファー (pH=6.5)	2.5 (0.125M)
30%(w/v) アクリルアミド溶液	1.5 (4.5%)
10%(w/v) SDS	0.1 (0.1%)
10%(w/v) 過硫酸アンモニウム	0.1
水	5.8
TEMED	約10μl

カッコ内は最終濃度　＊10×10×0.1cmゲルの場合

プロトコール 67

ステップ2
試料の前処理と電気泳動

準備

- 電気泳動槽*　● 2×SDS サンプルバッファー〔0.125 M Tris-HCl（pH 6.8），10％ β-メルカプトエタノール[注意1]，4％ SDS，10％ スクロース，0.01％ BPB〕　●エッペンチューブのフタ押さえ用クリップ

＊ゲル板を設置しておく

手順

1. ウエルをバッファーで洗う
2. エッペンチューブ中の試料5 μl に当量のSDSサンプルバッファーを加え，フタをクリップで止めて沸騰水中で5分間加熱する[注意1]
3. 試料をウエル中に入れ，別ウエルのマーカータンパク質[注意2]と共に電気泳動する
4. 約20 mAの定電流でBPB色素がゲルの下端に達するまで通電する〔定電圧（〜150 V）でもよいが，電流が上昇→下降と変化する〕

注意 1：β-メルカプトエタノール中で加熱しS-S結合を切るが，タンパク質によっては加えないこともある．
2：複数をセットとしたものが市販されている． → **Data54**
　　 SDS-PAGE用マーカータンパク質

プロトコール 68
ステップ3
CBB染色

タンパク質用に様々染色剤があるが，感度，簡便さ，色調のコントラストの点から，一般にCBB (Coomassie Brilliant Blue) が使われる（表6-6-3）．

表6-6-3 ●タンパク質染色剤

A) ゲル中タンパク質

方法	1バンド当たりの検出限界(ng)
CBB R-250	300〜1,000
銀染色	1〜10
金コロイド法[*1]	〜3

B) メンブラン上タンパク質[*2]

方法	1バンド当たりの検出限界(ng)
CBB R-250	500〜1,000
アミドブラック10-B	2,000
金コロイド法[*1]	3
ポンソーS	1,000〜2,000

[*1]：GEヘルスケア バイオサイエンス社より染色キット（AuroDye Forte Kit）が入手可能
[*2]：ニトロセルロースやPVDF膜に比べ，ナイロン膜上のタンパク質は染まりにくい

準備

● 染色液（0.25% CBB R-250／5%メタノール ＋ 7.5%酢酸）　● 脱色液（25%メタノール ＋ 7.5%酢酸）

手順

1. ゲルを板から外し，染色液に4時間（以上）浸ける
2. 脱色液に移して振盪し，液を交換しながら脱色する^{コツ}

第6章 タンパク質に関する実験

> **コツ** 脱色中に紙を入れると色素が紙に吸着し、脱色効率が上がる。使用済み脱色液はろ過（セルロースや活性炭など）して再利用できる。

> **参考　銀染色**
> タンパク質に結合した銀イオンを不溶化させて検出する。タンパク質による染色性の差が大きいが、CBB 染色の約 100 倍の感度がある。
> 『バイオ試薬調製ポケットマニュアル』p.162 参照

> **参考　ゲルの保存**
> 水に浸して冷暗所で保存する。乾燥させる場合はろ紙に移してゲル乾燥機を使う。セロハンに挟み風を当てる。

memo

第6章-7
抗体を使ったタンパク質実験

タンパク質を同定する方法

様々なタンパク質検出法

　タンパク質を特異的に検出するには特異抗体を用いる．ウエスタンブロッティング，免疫沈降法，クロマチン免疫沈降法，免疫染色法など，様々な方法がある．

　ここでは，ウエスタンブロッティングと，免疫沈降法のプロトコールを紹介する．

memo

プロトコール 69
ウエスタンブロッティング

　ウエスタン（免疫）ブロッティングは SDS-PAGE で分離してメンブランに移したタンパク質を抗体で検出する方法で，2次抗体の標識酵素により，検出方法が異なる．

試薬の調製法 ➡ 『バイオ試薬調製ポケットマニュアル』p.122〜127 参照

I：SDS-PAGE

SDS-PAGE により，タンパク質を分離する．染色してあるマーカータンパク質（プレステインマーカー：キットとして入手可能）を平行して泳動する（☞6章-6）．

II：トランスファー（転移）

準備

● PVDF 膜　● セミドライブロッティング装置　● 電気泳動用電源（200mA 程度の容量が必要）　● 転移用溶液〔192 mM グリシン，25 mM Tris-base，20％（v/v）メタノール〕　● ろ紙

手順

❶ ブロッティング装置の陽極を転移溶液で浸し，湿らせたろ紙2枚，PVDF 膜，ゲル，ろ紙2枚の順に重ね，陰極板を載せる．気泡が入らないようにする

❷ ゲル 75 cm^2 当たり 150 mA の電流を1時間流す（電圧は約3 V）

Ⅲ：ブロッキングと抗体との反応

準備

●ブロッキング溶液〈Tween-PBS〔1% Tween 20，1×PBS（−）〕に用時1%脱脂粉乳を加える）　●Tween-PBSで適当な濃度に希釈した1次抗体および2次抗体*

*例：1次抗体がウサギポリクローナルやマウスモノクローナルの時は，2次抗体はウサギIgGかマウスIgG），2次抗体は検出用酵素（ホースラディッシュパーオキシダーゼやアルカリホスファターゼなど）で標識されてるもの．

手順

1. メンブランをブロッキング溶液で，1時間振盪する
2. メンブランをTween-PBSですすぎ，プラスチックバッグに入れてから1次抗体を加えてシールし（気泡を除く），1時間以上，回転しながら撹拌する
3. 液を捨て，Tween-PBSで3回振盪してすすぐ（各10分）
4. 上と同様に2次抗体を加え，1時間以上置く
5. 液を捨て，Tween-PBSで3回振盪してすすぐ（各10分）

Ⅳ：抗原の検出

特異的反応によって検出する．発色法や発光法があり，各社からキットとして入手可能．バンドパターンをカメラを用いて記録する．

> **参考　トラブル対処法**
> 非特異的バンドが多い場合は1次抗体の濃度や精製度，2次抗体の濃度やブロッキング法を検討する．バンドが出ない時は上記のほか，抗原量，検出法，バッファー系を検討する．

プロトコール 70

免疫沈降法

　免疫沈降法（immunoprecipitation）は，タンパク質の相互作用検出法の代表的なものである．アガロースビーズに結合している抗体に抗原を結合させ，その複合体をSDS-PAGEで分離するが，抗原結合タンパク質が存在すれば，ウエスタンブロッティングや染色法で検出できる．ビーズに結合しているものが1次抗体，2次抗体，プロテインAである場合，さらには抗原―抗体複合体形成後にビーズに付ける方法に対してビーズ上でその反応を進める方法など，プロトコールは多岐に渡る（図6-7-1）．

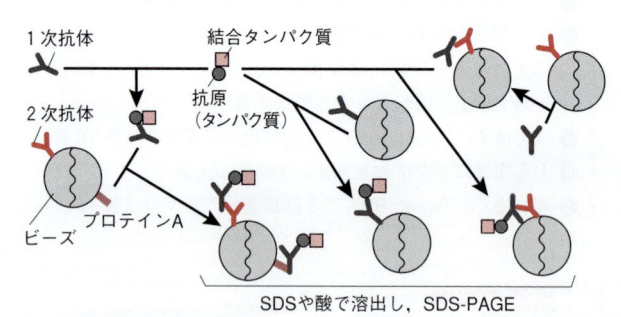

図6-7-1 ●免疫沈降法の概念図

　ここでは汎用性の高いプロテインAアガロースを用いる方法を記すが，プロテインA以外のものも使われる（→ **Data55** 抗体とプロテインA/G/Lとの結合）．

準備

- プロテインAアガロース（各社より入手可）
- 細胞抽出液
- 結合液〔50 mM Tris-HCl（pH 7.9）〕
- 150 mM NaCl*
- 0.5 mM EDTA
- 0.2% NP-40（必要に応じて用時にプロテアーゼインヒビターを加える）
- 洗浄液（結合液からNP-40を除いたもの）

*100〜500 mM．濃度を高くすると結合の弱いものは解離する

手 順

1. 結合液に懸濁したプロテインAアガロース30 μlと抗体数μlを混合し，4℃で1〜3時間，ゆるやかに回転させる
2. スピンダウン後に上清を除き，数回リンスする
3. 適当量の細胞抽出液と結合液で1 mlとし，1時間〜一晩低温で回転させ反応させる．抽出液の塩濃度などを希釈や透析により結合液の条件に合わせる
4. スピンダウンでビーズを回収し，数回リンスする
5. 2×SDSサンプルバッファー30 μlで懸濁後，フタをクリップで止めて沸騰水中で5分間加熱し，スピンダウンの上清を試料とする
6. SDS-PAGEの後，染色かウエスタンブロッティングで目的タンパク質を検出する

第6章-8
組換えタンパク質
大腸菌発現タンパク質の調製

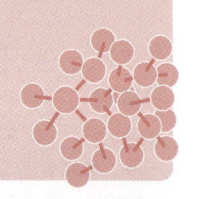

　遺伝子工学実験では組換え体タンパク質が多用されるが，多くの場合，タンパク質は大腸菌を使って作られる．大腸菌でのコドン使用頻度が低い影響でタンパク質産生が低い場合は，コドンを変えることもある（→ Data56 **大腸菌において稀なコドンの真核生物での使用頻度**）．

　逆に大量に産生されて，タンパク質が不溶化する場合もあり，塩酸グアニジンなどによる可溶化操作が必要となる．組換えタンパク質に (His)$_6$ のようなタグをつけると，ニッケルカラムで簡単に精製することができる（→ Data57 **組換えタンパク質に使用されるタグ**）．

memo

プロトコール 71
大腸菌からの組換えタンパク質調製

培地，試薬，培養法に関しては☞7章.

準備

●発現プラスミドをもつ大腸菌〔例：pETベクターとBL21（DE3）菌〕　●培地（LBかTerrific broth）　●0.1 M IPTG　●懸濁液〔20 mM Tris-HCl（pH 8.0），0.5 M NaCl：用時β-メルカプトエタノールを2 mMに添加〕　●溶解液〔6 M 塩酸グアニジン, 20 mM Tris-HCl（pH 8.0），0.5 M NaCl〕

手順

❶ 1 mlの菌液を100 mlの培地に入れ，1.5時間培養後，0.2 mlのIPTGを加えさらに1〜4時間培養する^{コツ}
❷ 氷冷後5,000 rpm，10分間の遠心分離で集菌する（以下低温で操作）
❸ 30 mlの懸濁液に懸濁後，再遠心し，5 mlの同バッファーに懸濁する．必要に応じてプロテアーゼインヒビターを加える
❹ 3〜7回（菌量に依存）の超音波処理（30秒／回）^{注意}で菌体を壊す
❺ 15,000 rpm，15分間の遠心分離で上清を得，可溶性画分として−80℃に保存
❻ 沈殿に5 mlの懸濁液を加え，30秒間超音波処理を行う
❼ 遠心分離後の沈殿に5 mlの溶解液を加え，超音波処理を数回行う*
❽ 室温で再度遠心分離し，上清を可溶性画分として−80℃に保存

＊塩酸グアニジンの代わりにマイルドな変性効果の8M尿素を使う場合もある

コツ IPTG誘導条件はあらかじめテストする．菌の増殖が良すぎると不溶化画分が増える傾向にあるが，低IPTG濃度や低温培養で改善されることがある．

注意 温度上昇に注意．

参考 不溶化タンパク質の可溶化

塩酸グアニジンで溶解したタンパク質溶液から，透析により外液の塩酸グアニジン濃度を4M→2M→0Mと下げ，緩やかに除く．再生効率は数〜数10％程度．

参考 Hisタグによる精製

タンパク質にHisタグがついていると，Ni-アガロースカラムへの結合とイミダゾール溶出で精製できる．詳しくは『改訂 タンパク質実験ノート 上巻／5章』を参照のこと．

第7章-1
大腸菌

大腸菌に関わる基本的事項

大腸菌の菌株

　大腸菌（*Escherichia coli*：*E. coli*）は4,655K塩基対の環状DNAをゲノムにもち，組換えDNA実験において，組換え体DNAを増やす宿主細胞として必須な役割をもつ．実験に用いられる大腸菌は主にK12株で，プラスミドやファージの導入やそれによる遺伝学が可能である．

　野生型大腸菌以外にも，実験にはこのほかにも特定の遺伝子に変異や欠損をもつ様々な種類の突然変異体が使用され（表7-1-1），実験に適したものを用いる（表7-1-2）．

表7-1-2 ● 菌株選択の基準

①導入DNAの安定性
②カラーセレクションの可否
③薬剤耐性
④制限・修飾系
⑤サプレッサーをもつベクターの増殖
⑥タンパク質の産生量・安定性
⑦ファージ感染・増殖性
⑧抗生物質耐性
⑨プラスミドをもつ菌では不和合性
⑩増殖能や形質転換効率

表7-1-1 ●よく使われる大腸菌

菌名[*1]	組換え	EcoK	mcrA	mcrB	F'	sup	Tns	カラーセレクション
BL21 (DE3)	$recA^+$	r^-m^-	+	+	−	sup^+	−	不可
DH5α	$recA^-$	r^-m^+	−	+	−	$supE$	−	可
JM109	$recA^-$	r^-m^+	−	+	+	$supE$	−	可
JM110	$recA^+$	r^-m^+	+	+	+	$supE$	−	可
XL-1 Blue	$recA^-$	r^-m^+	−	+	+	$supE$	Tn10	可
HB101	$recA^-$	r^-m^-	+	−	−	$supE$	−	不可
C600	$recA^+$	r^+m^+	+	+	−	$supE$	−	不可
Y1090r⁻	$recA^+$	r^+m^+	−	+	−	$supF$	Tn10	不可
LE392	$recA^+$	r^-m^+	+	+	−	$supE$ $supF$	−	不可

遺伝子型はイタリック3文字で表し，必要な場合は次に大文字1文字を付す．右肩の＋や－はそれぞれ野生型か変異型かを表すが，通常変異型しか表記しないので，一般的には－は省く．欠失はΔで，挿入がある場合は［標的遺伝子］::［挿入遺伝子］と表記する．プラスミドや溶原化ファージをもつ場合は最後に（）で記す（表7-1-3）

遺伝子型	特徴，用途
F^- ompT hsdSB ($r_B^-m_B^-$;an E.coli B strain) with a λ prophage carrying the T7 RNA polymerase gene	タンパク質分解酵素が少なく，タンパク質生産に適している[*2]
F^- endA1 hsdR17 ($r_k^-m_k^+$) supE44 thi1 recA1 gyrA (Nalr) relA1Δ (lacZYA−argF) U169 (φ80lacZΔM15)	形質転換効率が高い．カラーセレクションも行える
[F' traD36 lacI^q lacZΔM15 proA$^+$B$^+$] e14$^-$ (McrA$^-$) Δ (lac−pro AB) thi gyrA96 (Nal^r) endA1 hsdR17 ($r_k^-m_k^+$) relA1 supE44 recA1	pBluescript系，pUC系プラスミドを用いるカラーセレクションに適している
F' [traD 36 lacI^q Δ(lacZ) M15 proA$^+$B$^+$] rpsL thr leu thi lacY galK galT ara fhuA dam dcm glnV44Δ (lac−pro AB)	アンバーをもつベクターの増殖に適する．dam$^-$菌
[F'::Tn10 proA$^+$B$^+$lacI^q lacZΔM15] recA1 endA1 gyrA96 (Nal^r) thi hsdR17 ($r_k^-m_k^+$) supE44 relA1 lac	カラーセレクションに使用される
F^-Δ(gpt−proA) 62 leu supE44 ara14 galK2 lacY1Δ (mcrC−mrr) rpsL20 (Str) xyl−5 mtl−1 recA13	一般的形質転換に用いる
thr leuB thi lacY glnV 44 rfbD 1 fhuA 21	λファージライセートの調製やλgt10の増殖に適する
F^-Δ(lac) U169 lon araD rpsL mcrA tyrT trpC::Tn10 (pMC9)	λgtⅡやλgt18〜23の抗体スクリーニングに適する．lonプロテアーゼを欠く
supE44 supF58 hsdR514 galK2 galT22 metB1 trpR55 lacY1	λファージ増殖に用いる一般的サプレッサー株

[*1]：すべて大腸菌K12株に属する．ただしBL21はB株
[*2]：p LysS (E) が入っている場合はクロラムフェニコール耐性になる

表7-1-3 ●大腸菌の遺伝子型

遺伝型の表記	特徴，内容
recA	主要組換え遺伝子．相同性のあるDNA断片を安定に保持できる
recBC	エンドヌクレアーゼV．λファージのchi[カイ]を認識して組換えを起こす
EcoK	外来DNAを切断するEcoK制限(r)修飾(m)システム．通常は制限を避けるため，r⁻を用いる
mcrA, mcrBC	制限修飾システムの一種．メチル化シトシンを含むDNAを分解する．高等生物のDNAは5′-pCpGのCがメチル化されていることが多いので，ゲノムDNAのクローニングはmcrA⁻ mcrBC⁻菌を用いる
F′	F′因子（プラスミド）の有無．M13ファージの宿主として使える
sup	ナンセンス変異を抑圧するサプレッサー変異．supE, supFはアンバー（UAG）を抑圧する
::Tn	トランスポゾンの挿入．Tn10はテトラサイクリン耐性，Tn5はカナマイシン耐性，Tn3はアンピシリン耐性，Tn9はクロラムフェニコール耐性を示す
strA, rpsL	ストレプトマイシン耐性を示す
lac	ラクトースオペロンに関する性質．lacIはlacオペロンのリプレッサー，lacZはβ-ガラクトシダーゼ，lacYはラクトースやIPTGを取り込むラクトースパーミアーゼをコードする
thyA	チミン要求性
thi	チアミン要求性．K12株共通の性質．最少培地に加えると増殖が良くなる
ompT	プロテアーゼをコードする
dam	5′-GATCのAをメチル化する
dcm	5′-CCWGGの2番目のCをメチル化する
gyrA	変異DNAジャイレース．ナリジクス酸耐性を示す

第7章-2
培地

培地の種類と作製

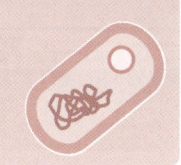

培地の組成

　大腸菌を培養する一般的培地であるLB培地（Luria-Bertani medium）は，カゼインの加水分解物のトリプトン，酵母の酸抽出物（yeast extract），NaClを含む完全培地であるが，菌株によってはそれ以外の栄養素が必要なものもある．野生型の大腸菌はグルコースと数種類の塩類を含む最少培地で増殖できる．→ Data58　培地1*l*を作るのに必要な成分

memo

プロトコール 72

培地作製法

培地には，液体培地と，それを寒天で固めた固形培地がある．

準備

→ **Data58** 培地1 l を作るのに必要な成分

手順：液体培地（LB培地1 l の作製）

以下のように作るが，類似の培地も同様に作製する

1. tryptone 10 g, yeast extract 5 g, NaCl 10 g を精製水あるいは純水（RX水）1 l に溶かす
2. 酸性に傾いているので，NaOH（5～10N溶液，あるいは粒状試薬）とpH試験紙でpH 7.0に合わせる
3. 培養用容器[*1]に移して開放性のフタ[*2]をし，121℃，20分間オートクレーブする
4. 冷えたら冷暗所に保存する〔数日間室温に置くと，雑菌の繁殖（コンタミ：contamination）がチェックできる〕

*1：試験管（10～20 ml），三角フラスコ（20～2,000 ml）など．撹拌効率を考え，内容量は容器の3割以下にする．

*2：アルミキャップ，発泡シリコン，アルミホイル，青梅綿製の綿栓などの空気の通過するもの

手順：固形培地

液体培地に1.5％の寒天（agar）を加えたもの．シャーレで固めたプレート（平板培地），試験管を立てて固めたスタブ（高層培地）や，斜めにして固めた斜面培地がある

1. 三角フラスコに液体培地を作り，寒天を加えてオートクレーブする．軟寒天（ソフトアガー）は0.7％の寒天を含む
2. 約50℃まで冷えたらシャーレに培地を20 ml注ぎ，水平な場所で固めるコツ

❸ 一晩経った後，ビニール袋などに入れ，冷蔵庫に保存する 注意

コツ 寒天の扱い：
寒天は沸騰近くの温度で溶け，室温より少し高い温度で固まる．一度溶けて固まった寒天は電子レンジで容易に溶ける．寒天が溶けた高温の培地は突沸しやすいので，要注意．

注意 テトラサイクリンプレートはアルミホイルで遮光する．

参考 抗生物質

薬剤耐性プラスミドをもつ大腸菌を選択するためには，抗生物質を含む培地を用いる（下表）．抗生物質溶液はできるだけ無菌的に作製し，熱に不安定なので，培地にはオートクレーブ後，冷めてから添加する．

コツ 添加物入りプレートは，色マーカーで印をつけておくと便利．

大腸菌の培養で用いられる抗生物質

抗生物質名	略号	保存溶液 (mg/ml)	溶媒	使用濃度 (μg/ml)	使用範囲 (μg/ml)
アンピシリン	Amp	100	滅菌水	100	20〜200
カナマイシン	Km	20	滅菌水	20	10〜50
ストレプトマイシン	Sm	10	滅菌水	10	10〜50
クロラムフェニコール	Cm[*1]	30	エタノール	30	30〜170
テトラサイクリン	Tc	20	エタノール[*2]	20	10〜50

*1：Camとも略す
*2：塩酸塩の場合は滅菌水で調製する

抗生物質名	作用機序
アンピシリン	細胞壁の合成阻害
カナマイシン	70Sリボソームに結合し，翻訳阻害
ストレプトマイシン	30Sリボソームに結合し，翻訳阻害
クロラムフェニコール	50Sリボソームに結合し，翻訳阻害
テトラサイクリン	リボソームA部位とアミノアシルtRNAの結合阻害

小分けして−20℃に保存．Tcは遮光する

プロトコール 73
IPTGとX-galを使ったカラーセレクション

　IPTGとX-galはカラーセレクション（ブルーホワイトアッセイ）の必須試薬で，その原理はラクトースオペロンの制御に基づく．通常は*lac I*が作るリプレッサーがオペロンを不活化しているが，インデューサーIPTGが入るとリプレッサーが不活化されてオペロンが転写される．これで発現する*lacZ*にコードされるβ-ガラクトシダーゼにより，無色のX-galが加水分解されて青色になる．*lacZ*遺伝子欠損菌と*lacZ*をもつベクターを用いて行われる．*lac I*は菌にある場合とベクターにある場合がある．

手順：試薬の準備と培地への添加

❶ IPTG（isopropyl 1-thio-β-D-galactoside：MW=238.3）の添加．1 M IPTG（フィルター滅菌して−20℃保存）1/1,000容量を培地が冷めてから加える．培地に染み込ませる場合は，20〜50 μlをスプレッダーで広げる

❷ X-gal（5-bromo-4-chloro-3-indolyl-β-D-galactoside：MW=408.6）の添加．2％ X-galをDMF（N-N-dimetylformamide）に溶かして作り，−20℃保存する．培地には1/500容量加える．培地に染み込ませる場合は，30〜50 μlをスプレッダーで広げる

第7章-3
培養

大腸菌の培養から保存まで

液体培養と菌の増殖

抗生物質が必要な場合は植菌の前に添加する．撹拌（エアレーション）により培地を空気に触れさせ，菌密度が局所的に高くならないようにする．

●培養の規模

小規模培養
1〜20 mlの培地に，火炎滅菌した白金耳か滅菌した楊枝やチップに菌をつけて植菌する．大量培養用の種菌「スターター」にもなる．37℃で一晩培養する．

大量培養
スターターを20〜100倍の培地（例：5 ml → 400 ml/ 2 lフラスコ）へ無菌的に移すことにより植菌する．コンタミ（コンタミネーション：雑菌が繁殖すること）しやすいので，白金耳で微量の菌を種菌することは避ける．シェーカーの重心バランスをとる．

●増殖状態の測定

全菌数測定
分光光度計で600 nmの吸光度を測定する．通常1 OD_{600}=1.5〜2.0×10^8個/mlとなる．顕微鏡で実測してもよい．

生菌数測定
菌液をプレートに塗り，出現するコロニー数を数える．

大腸菌は図7-3-1のように対数増殖期に入ると約20分の世代時間で増殖する．増殖性の高い菌のOD$_{600}$は0.2～0.7となる．

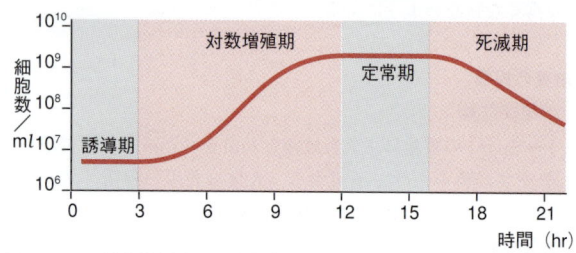

図7-3-1 ●液体培地中での大腸菌の増殖

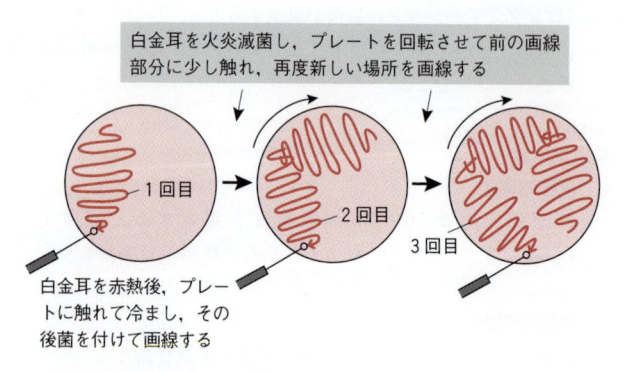

図7-3-2 ●画線培養による植菌

こうすると次第に菌の量が減り，独立したコロニーが出現しやすい．スクランブルに画線し，とにかく菌量を増やすという培養方法もある

プレートでの培養

通常は画線培養（図7-3-2）を行うが，一定量の菌液をすべて培養する場合は塗り広げ培養を行う（表7-3-1）．1個の菌に由来する増殖した菌の集団「コロニー：colony」が形成される．

●共通の操作

①乾燥：使用前に50℃の自然対流型孵卵器に入れてフタを少し空け，30分間置いて余分な水分を蒸発させる．クリーンベンチに入れて風を当てる方法もある．

②植菌：滅菌済み器具，あるいは火炎滅菌し冷ました器具を用いて釣菌，植菌する．

③培養：シャーレをひっくり返して一晩培養する．トップアガーがゆるい場合はひっくり返さない．

④保存：乾燥させなければ冷蔵庫で数週間保存できる．

表7-3-1 ●プレート培養法

培養	方法	利用法
画線培養	白金耳で画線（ストリーキング）し，菌を広げる	菌の植えつぎ，分離培養（純粋培養：菌の純化）
塗り広げ培養	スプレッダー（コンラージ棒）を用いて菌液を塗り広げる	トランスフォーメーションした菌の培養．生菌数の計数
注ぎ込み培養	ソフトアガーと菌液を混ぜ，プレートに広げて固める	ファージの感染・増殖，プラークアッセイ
マスタープレート作製（図7-3-3）	対象となるプレート上のコロニーを1つづつ揚子で拾い，短く画線培養する	トランスフォーマント（菌）の検定・保存用
滴下培養	0.1ml程度の菌液をプレートにスポットして培養する	菌の増殖性検定

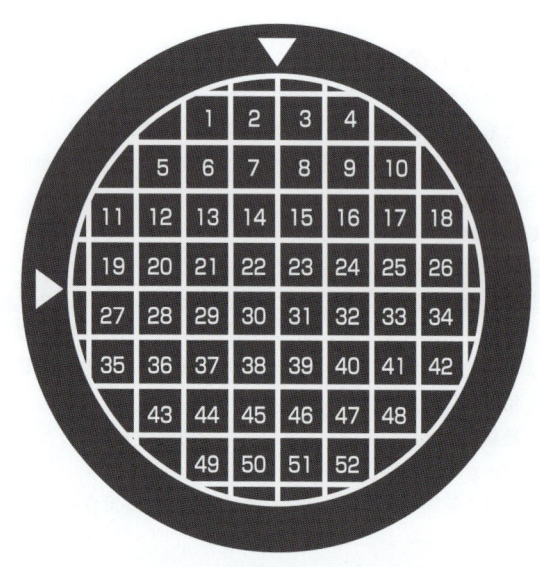

図7-3-3 ●マスタープレート用台紙（グリッド台紙）
この台紙を150％に拡大し，シャーレに張る

memo

大腸菌の保存と輸送

大腸菌の保存（表7-3-2）は，グリセロールストックとする．輸送は「保存」状態で行うが，短期間であれば，菌液をそのまま送れる．

表7-3-2 ●大腸菌の保存法

	保存の種類	方法と特徴
短期保存	プレートによる保存	プレートをパラフィルム等でシールし，冷蔵庫で1～3週間保存できる
	菌液による保存	増殖後，そのまま冷蔵庫で保存する．1週間程保存できる．
長期保存	スタブ保存（ストック）	スタブ培養したものを密栓し，室温で遮光保存する．1年位保存できる．ソフトアガーとする方法もある．プラスミドが脱落しやすい
	グリセロール保存（ストック）	1晩培養した菌液に，オートクレーブした80%グリセロールを1/5量加え，混合後−80℃に保存する．数年間は保存できる

memo

第7章-4 プラスミド

プラスミドベクターについて

プラスミドの様々な用途

細胞と共に増殖するプラスミド (plasmid) は，遺伝子クローニングの重要なツールで，多くのベクターが開発されている．ファージベクターと比較しても良く増幅し，扱いやすい．ライブラリー作製やタンパク質生産にも威力を発揮する．

プラスミドとは

細菌や菌類に存在する，低分子の染色体外の遺伝因子をプラスミドといい（表7-4-1），主に環状の二本鎖DNAである．宿主に有利な性質を与えるために共生関係が成り立ち，細胞内で安定に保持される．ゲノムの複製とのバランスから，プラスミド数（コピー数）は一定に保たれている．「同種のプラスミドは同時に細胞内に共存できない」という性質（不和合性：incompatibility）により，細胞内プラスミドを遺伝的に均一なクローンとして扱うことができ，遺伝子クローニングができる根拠となっている．

表7-4-1 ●大腸菌のプラスミド

プラスミド	大きさ(kbp)	コピー数	そのプラスミドを保持する菌の性質
ColE1	4.2	10〜15	コリシンE1（バクテリオシン）産生
RSF1030	6	20〜40	アンピシリン耐性
R6K	25	13〜38	アンピシリン，ストレプトマイシン耐性
R	62.5	3〜6	耐性因子・様々な薬剤耐性遺伝子を組み込める
F	62	1〜2	稔性因子．保持菌は雄菌として雌菌にDNAを移入する．M13ファージの宿主になる

主なプラスミドベクター

大腸菌で汎用されるプラスミドベクターの構造を Data59 汎用プラスミドの構造に示した．使いやすさ（多コピーで小さい）から，ColE1由来プラスミドが多く使われる．選択マーカーとして，アンピシリンなどの薬剤に対する耐性遺伝子をもつ．LacZ（β-ガラクトシダーゼをコード）をもち，カラーセレクションができるのもある．すでに多様なベクターが作られている（表7-4-2）．

注意 簡単にクローニングできるDNAサイズは10kb以下で，これ以上になると効率が下がる．

特殊プラスミド

シャトルベクター：2つ以上の生物種（1つは大腸菌）で増殖できるプラスミドベクター．酵母のプラスミドや，動物ウイルスの複製起点などをもつ．

ファージミド（phagemid）：M13，fD，f1（互いに近縁）といった一本鎖繊維状ファージのIG（intergenic region：複製起点 *ori* を含む）を含むプラスミド．ヘルパーファージ感染により一本鎖DNAが合成され，優先的にファージ粒子に取り込まれるので，一本鎖DNAを調製できる．DNAシークエンシングの鋳型調製に利用される（表7-4-3）．

コスミド（cosmid）：λファージの *cos* が連結した配列を含むプラスミド．35～45kbという大きなDNA断片のクローニングができる．

BAC（bacterial artificial chromosome）：F因子由来ベクター．300kb以上のDNA断片を組み込み，ゲノミックDNAライブラリー作製に利用される．

表7-4-2 ●汎用プラスミドの特徴

pBR322	ColE1由来の標準的プラスミドベクター．テトラサイクリン耐性遺伝子ももつ．コピー数があまり多くならないが，コピー数が高くなるように改良したもの（pAT153, pXf3, pBR327）もある
pUC18/19	*lacI*, *lacZ*をもちカラーセレクションができる．*lacZ*の内部にマルチクローニングサイト（MCS）をもつ．18/19はMCSの方向性が異なる
pUC118/119	pUC18/19の誘導体．M13ファージのIG（*ori*を含む）をもつので，ヘルパーファージ感染によってssDNAの調製ができる
pGEM-3Zf（＋/－）	カラーセレクションができ，MCSの両端にファージプロモーター（T7, SP6）があるのでRNA調製も可能．f1のIGをもつファージミド．IGの方向性により＋/－の区別がある．＋では*lacZ*遺伝子の方向にセンス鎖のssDNAが作られる
pBluescript II	カラーセレクションができ，MCSの両端にファージプロモーター（T7, T3）があるのでRNA調製も可能．f1のIGをもつファージミド．KSとSKはMCSの方向性が逆になっている
pET	T7プロモーターをもつ，pBR322由来組換えタンパク質発現プラスミド．宿主のT7 RNAポリメラーゼ（λDE溶原菌）をIPTGで誘導させ，転写とそれに続く翻訳が起こる．宿主にはBL21(DE3)p*lysS*などを用いる．p*lysS*はリゾチーム（タンパク質の安定化に効く）遺伝子をもつプラスミドでクロラムフェニコール耐性
pGEX	*lac*プロモーターをもつ，pBR322由来のGST（glutathione S-transferase）融合タンパク質発現プラスミド．*lacI*^{q}をもち，IPTG誘導性．いくつかのシリーズがあり，2Tはトロンビン，3Xはfactor X切断で，GST部分を除くことができる
pcDNA	ほ乳類細胞用cDNA発現ベクター．CMVのプロモーターとエンハンサー，ウシ成長ホルモンのポリAシグナル，MCSとファージプロモーターをもつファージミド．SV40オリジンがあるのでT抗原産生細胞内で増幅できる．Invitrogen社の製品

表7-4-3 ● 代表的ファージミド

ファージミド	IGの由来ファージ	ヘルパーファージ
pUC118/119	M13	M13KO7（M13のgeneⅡに変異*をもつバリアント）
pEMBL	f1	IR1（f1のバリアント）
pRSA101	M13	M13のインターフェレンス耐性バリアント
pBluescript	f1	M13KO7
pGEM-3Zf	f1	M13KO7

＊自身の複製効率が低下する

表7-4-4 ● プラスミドベクターのコピー数

プラスミド	レプリコン	コピー数
pBR322およびその誘導体	pMB1	15〜20
pUCベクター	pMB1	500〜700
pACYCおよびその誘導体	p15A	10〜12
pSC101およびその誘導体	pSC101	〜5
ColE1	ColE1	15〜20

> **参考 プラスミドの増幅**
>
> クロラムフェニコールを加えると，pBR322などはコピー数が数十倍に増加する．菌が$OD_{600}=0.3〜0.5$に増えたところで高濃度（200〜500 μg/ml）の薬剤を添加し，数時間培養する（表7-4-4）

第7章-5
プラスミドを細胞へ導入する
大腸菌の形質転換法について

形質転換とは

プラスミドを細胞に導入することを形質転換（トランスフォーメション）という．プラスミドを細胞に導入するには，$CaCl_2$などの試薬で菌を処理し，DNAを取り込みやすくしたコンピテントセルを用いる方法が一般的だが，電気的にDNAを細胞に導入する方法もある．

本項ではこの2つの導入法を，コンピテントセルの作業から解説する．

memo

プロトコール 74

ケミカルコンピテントセル作製法 I

最も標準的な方法となっている．

準備

- 50 mM $CaCl_2$
- 50 mM $CaCl_2$／15％グリセロール
- LB培地（培養用）
- 遠心機
- 振盪培養機

手順

1. プレート上のコロニーを種に2 mlの培地で一晩培養する
2. 80 mlの培地に1 mlの菌液を移し，OD_{600}＝0.5まで培養し，その後氷水で急冷する．この後はすべて0℃で操作する
3. 3,000 rpm 5分間遠心分離し，上清を捨てた後，$CaCl_2$溶液16 mlを加えて沈殿を軽くほぐす
4. 2,500 rpm，3分間遠心後上清を捨て，$CaCl_2$／グリセロールを8 ml加え，静かに撹拌して沈殿を均一にほぐし，氷中で2時間置く
5. エッペンチューブに0.1 mlずつ分注し，液体窒素中で凍結させ，－80℃（以下）で保存する

コツ （作製法 II の方法でも同じ）
良いコンピテントセルを作るには，増殖状態の良い菌，冷却の徹底（低温室で氷水を使うなど），純度の良い試薬に気をつける．フリーザーの中でも，温度の上昇しにくい所に保存する．

参考 コンピテンシー（competency）

1〜100 pgのpBR322を用いてトランスフォーメーションを行い，1μg当たりのコロニー形成数「CFU/mg」で表す．通常 $1 \times 10^{6 \sim 8}$ CFU/μgになるが，作製法，操作のバッチ，菌種，保存方法でかなり変動する．エレクトロポレーションは約 1×10^9 CFU/μgと高い

プロトコール 75

ケミカルコンピテントセル作製法 II

$MnCl_2$ も用いる方法で，菌株によってはより高い形質転換効率が得られる．

準 備

● トランスフォーメーションバッファー* ● DMSO（ジメチルスルフォキサイド） ● SOB 培地（培養用） ● 遠心機
● 振盪培養機

*PIPES 1.5 g, $CaCl_2・2H_2O$ 1.1 g, KCl 9.3 g, を 400 ml の SP 水に溶解し，KOH で pH を 6.7 に合わせ，$MnCl_2・4H_2O$ を 5.45 g 加えてから 500 ml にメスアップし，フィルター滅菌する

手 順

1. プレート上のコロニーを種に 2 ml の培地で一晩培養する
2. 100 ml の培地に 1 ml の菌液を入れ，18℃で OD_{600} ＝ 0.5 まで培養後，氷水で急冷する．この後はすべて 0℃で操作する
3. 3,000 rpm，10 分間遠心し，上清を確実に捨てた後，トランスフォーメションバッファー 40 ml を加えて沈殿を懸濁し，再度遠心分離する
4. 遠心後，上清を確実に除き，トランスフォーメションバッファー 8 ml に懸濁する
5. 0.6 ml の DMSO を徐々に滴下し，氷中で 10 分間静置する
6. エッペンチューブに 0.1 ml ずつ分注し，液体窒素中で凍結後－80℃（以下）で保存する．半年～2 年間は使える

プロトコール 76
トランスフォーメーション法

　DNAとコンピテントセルを接触させてDNAを取り込ませるが，DNAが吸着しやすいようにSOC培地を用いる．熱ショックで膜の流動性が高まり，取り込み効率がさらに上がる．プレートに播く前に培地を加えて保温し，薬剤耐性遺伝子を発現させる．

準備
●ケミカルコンピテントセル　●プラスミドDNA　●SOC培地　●42℃恒温水槽（必ず水槽にする）　●選択薬剤の入った適当なプレート（あらかじめ乾燥させる）

手順
1. コンピテントセルを氷上で溶かし，20 μl以下のDNA溶液を静かに加える
2. 氷上に30～60分間静置する
3. 42℃の恒温水槽で1分間加温し，氷水に戻し3分間置く
4. 0.9 mlのSOC培地を加え，37℃で30～60分間保温する
5. 100～300 μlをプレートに塗り広げる（塗れる量はプレートの厚さと乾燥状態による）注意

> **注意** 菌液の量が多い時は，軽く遠心して菌を沈殿させ，少量の培地に懸濁してから塗るとよい．

プロトコール 77
エレクトロコンピテントセル作製法

通電させるため，塩類を充分に除いた菌液を作製する

準備
- 遠心機
- 振盪培養機
- 滅菌SP水
- 滅菌10%グリセロール

手順
1. ケミカルコンピテントセルの場合と同様に種菌を用意し，4 mlのスターターを400 mlのLBに移し，$OD_{600} = 0.5 \sim 0.7$まで培養する
2. 氷水中で急冷し，30分間置く．この後はすべて0℃で行う
3. 3,000 rpm，15分間遠心分離後，沈殿に300 mlのSP水を加え，菌を静かに懸濁する
4. 再度遠心分離し，100 mlのSP水で菌を静かに懸濁する
5. グリセロール溶液を4 ml加えて菌を静かに懸濁し，5,000 rpm，15分間遠心分離する
6. グリセロール溶液を1.2 ml加え，菌を静かに懸濁する
7. エッペンチューブに40 μlづつ分注し，ケミカルコンピテントセルと同じ要領で凍結，保存する．半年間は使える

プロトコール 78

エレクトロポレーション

準備

●エレクトロコンピテントセル ●ジーンパルサー（Bio-Rad Laboratories 社）と付属品 ●DNA ●SOC 培地

手順

1. DNA の前処理：エタノール沈殿後の脱塩（リンス）を念入りに行う
2. コンピテントセル 40 μl を溶かして氷中に置く．キュベットとスライドチャンバーも冷やす
3. DNA を 1〜2 ml 加えて軽く混ぜ，氷中で 5 分間放置後，キュベットに入れる
4. キュベットとスライドチャンバーを機械にセットし，電気パルスを発生させる（火花を出さない）．設定は 25 μF，2.5 kV とし，600〜800 Ω で行う．パルス後に time constant が 12 以上になってることを確認する（これ以下は通電し過ぎ）
5. すぐに SOC 培地を 1 ml 加え，エッペンチューブに移し，37℃で 30〜60 分間保温する
6. 100〜300 μl をプレートに塗り広げる（塗れる量はプレートの厚さと乾燥状態による）

第7章-6
プラスミドの抽出，精製

プラスミド調製法について

▌プラスミドの特性と抽出，精製法

　熱や変性剤でゲノムを変性後，中和／再生すると，ゲノムDNAがタンパク質と共に凝集・不溶化するが，プラスミドは溶液中にそのまま残る．この特性を利用し，様々なプラスミドの抽出・精製方法が確立されている．抽出プラスミドはDNAの一般的精製法で精製したり，プラスミドが閉環状DNAであるという性質を利用して，さらに高度に精製することもできる．

　本項では①フェノールを用いる簡易抽出法，②アルカリ溶解法，③ボイルプレップの3つの抽出法と，大量精製法について解説する．

プロトコール 79
フェノールを用いる簡易抽出法

フェノールで細胞を変性・除去することにより高分子DNAを除く．あくまでも簡易法．

準備
- Tris-フェノール ● フェノール／クロロホルム ● 100％／70％エタノール ● TE

手順（遠心分離はすべて 15,000 rpm）

1. 一晩培養した 1.5 ml の菌液を 1 分間遠心分離し，ペレットを 300 μl の TE に懸濁する^{コツ}
2. Tris-フェノールを等量加え，チューブを手でゆっくりと 5 回，回転させる
3. 10 分間遠心分離をして，上清（†）を新しいエッペンチューブに回収し，さらにフェノール／クロロホルム抽出を行う^{注意}
4. エタノール沈殿，エタノールリンス後，沈殿を少量の TE に溶かす

コツ プレート上のコロニーを直接懸濁することも可能．

注意 RNA は残る．プラスミド存在のチェックだけなら（†）の時点の試料を使える．

参考 ミニプレップ
トランスフォーメーションで生じたコロニー中のプラスミドを，小規模液体培養の菌から抽出すること

プロトコール 80

アルカリ溶解法（アルカリプレップ）

標準法．比較的多くとれるが，操作が多少煩雑である．

準備

- Sol I〔50 mM グルコース，1 M Tris-HCl（pH 8.0），10 mM EDTA〕 ● Sol II（0.2 N NaOH，1% SDS） ● Sol III（3 M 酢酸カリウム，2 M 酢酸）

  調製法 ➡『バイオ試薬調製ポケットマニュアル』p.55〜58 参照

- 10 mg/ml RNaseA，フェノール／クロロホルム ● イソプロパノール ● 70% エタノール ● TE

手順（遠心分離はすべて 15,000 rpm）

1. 1.5 ml の菌液を，1 分間遠心分離して集菌する
2. ペレットに 0.2 ml の冷 Sol I を加えてボルテックスし，氷中で 15 分間置く
3. 0.4 ml の Sol II を加えた後，チューブを手で数回振り液を混ぜ，氷中で 5 分間置く
4. 0.3 ml の Sol III を加えて氷中で 10 分間置き，その後 15 分間遠心分離する
5. 上清を取り，RNaseA を 2 μl 加え，37℃で 20 分間保温する
6. フェノール／クロロホルム抽出を 2 回行い，遠心分離して水層を回収し，0.6 倍量のイソプロパノールを加えて DNA を沈殿させる
7. 2 回エタノールリンスし，DNA を 50 μl の TE に溶かす*

＊より精製したい場合には再度フェノール／クロロホルム抽出，エタノール沈殿，エタノールリンスを行うか，さらにその前に PEG 沈殿を入れる（☞ 2 章-3）．

プロトコール 81
ボイルプレップ

比較的きれいなプラスミドが簡単に得られるのが特徴.

準備
- STETL*〔8%スクロース, 0.5% Triton X-100, 50 mM Tris-HCl (pH 8.0), 50 mM EDTA〕
- フェノール／クロロホルム
- 7.5 M 酢酸アンモニウム
- TE
- 100%／70% エタノール

試薬の調製法 ➡『バイオ試薬調製ポケットマニュアル』参照

*フィルター滅菌して4℃に保存し, 使用時にリゾチーム 5 mg/ml と RNaseA 0.1 mg/ml を加える.

手順 (遠心分離はすべて 15,000 rpm)
1. 菌液 1.5 ml をエッペンチューブに移し, 1 分間の遠心分離で集菌する ᴋツ
2. ペレットを 0.3 ml の STETL に懸濁する
3. フタをクリップで押さえ, 沸騰水中で 45 秒間加熱する
4. 10 分間遠心分離して, 上清を回収する
5. 当量のイソプロパノールを加え混合後, 10 分間遠心分離して, 沈殿を得る
6. 沈殿を 0.2 ml の TE に溶かし, フェノール／クロロホルム抽出を行う
7. 等量の酢酸アンモニウムを加え, 液量の 2.5 倍量エタノールでエタノール沈殿する
8. 沈殿を遠心分離で回収後, エタノール沈殿を行い, DNA を 20〜50 μl の TE に溶かす

コツ デカンテーションの残液でペレットをほぐす. フェノール／クロロホルム抽出とエタノールリンスを 2 度行うと, DNA がきれいになる.

> **参考 プラスミド精製キットを使う**
>
> DNA結合性のシリカメンブランなどを用いるキットがいくつか利用できる.
> 例：Miniprep DNA Purification Kit (TaKaRa),
> 　　HiSpeed Plasmid Midi Kit (Qiagen社),
> 　　StrataPrep Plasmid Miniprep Kit (Stratagene社),
> 　　High Pure Plasmid Isolation Kit (Roche社),
> 　　PureLink HQ Mini Plasmid DNA Purification Kit (Invitrogen社).

memo

プロトコール 82
大量精製法
（アルカリ法と塩化セシウム密度勾配遠心法の組み合わせ）

精製されたプラスミドを大量に調製する方法．線状／開環状 DNA はエチジウムブロマイド（EtdBr）が結合して分子密度が減少するが，閉環状 DNA は結合しにくいため，塩化セシウム密度勾配遠心分離で分離できるという原理を用いる．

『改訂 遺伝子工学実験ノート 上巻』p.67 参照

準 備

●アルカリ溶解法の溶液や試薬類 ●塩化リゾチーム ●塩化セシウム ●塩化セシウム溶液（TE10 mlに塩化セシウム10 gを加えたもの） ●10 mg/l EtdBr，20 mg/ml プロテナーゼK ●塩化セシウム／TE 飽和 n-ブタノール ●透析チューブ ●10 mg/ml RNaseA ●超遠心機〔80,000 rpm 以上回転できるもの（Beckman Coulter 社の L-80）〕●近垂直ローター（NVT90）と専用チューブ

手順 1：抽出

1. 種菌からスターターと培養規模を上げ，400 ml／2 l フラスコの培養を行う（180～250rpm で振盪する）
2. 8,000 rpm，10 分間の遠心分離で集菌する
3. Sol I 20 ml で菌を懸濁し，塩化リゾチーム粉末 50 mg を加えて溶かし，0℃で 10 分間インキュベートする
4. Sol II 40 ml を加えて 30 秒間良く混ぜて氷中で 10 分間置いた後，Sol III 30 ml を加え良く混ぜる
5. 7,000 rpm，15 分間の遠心分離後，上清を回収し（ゴミがあればガーゼで濾す），56 ml のイソプロパノールを加える
6. 5 分後，9,000rpm，10 分間遠心分離し，沈殿を乾かす

手順２：プラスミドの分離

1. 沈殿を 3.6 m*l* の TE に溶かし（†），4.4 g の塩化セシウムを加えて完全に溶かし，0.4 m*l* の EtdBr を加える．超遠心チューブに入れ，25 ℃，80,000 rpm，3.5〜4.5 時間遠心分離する
2. 閉環状 DNA である下側のバンドをシリンジと 20G の針で抜き取り（図 7-6-1），新しい超遠心チューブに入れ，塩化セシウム溶液で遠心管を満たし，再度超遠心を行う ^{コツ}
3. プラスミドのバンドを抜き取る

手順３：後処理

1. n-ブタノール抽出を数回行って EtdBr（赤色）を除く
2. 1 *l* の TE で 3 時間以上透析する．透析チューブを浮かせる
3. RNaseA を 5 μ*l* 加え 37 ℃，30 分間インキュベートする
4. プロテナーゼ K を 5 μ*l* 加え 37 ℃，30 分間インキュベートする
5. フェノール／クロロホルム抽出後，エタノール沈殿（2 回行った方がよい），エタノールリンスを行い，DNA 沈殿を適当量（50〜200 μ*l*）の TE に溶かす

> **コツ** 培養規模が大きくなったら，†の量を増やし，複数の超遠心チューブを用いるか，大きなチューブ〔13.5 m*l*：NVT65（65,000 rpm で 7〜9 時間），39 m*l*：VTi50（50,000 rpm で 12〜16 時間）〕に変える．DNA バンドが見えにくい場合は，紫外線ランプで照らす．

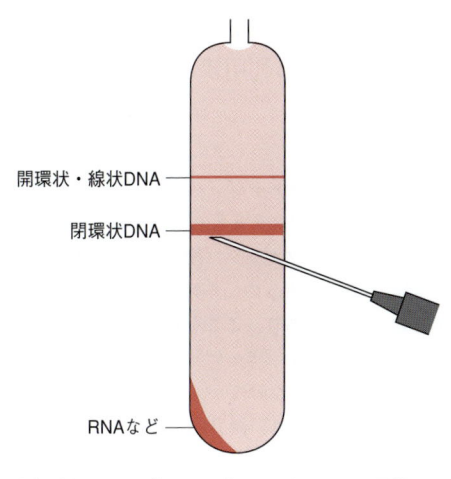

図 7-6-1 ●超遠心チューブからのプラスミド DNA の回収

第7章-7
ファージの利用
ファージの基礎から利用まで

λファージ

大腸菌には多くのファージ（バクテリオファージ）があるが，遺伝子組換えのベクターとして使われるのは，λ（ラムダ）ファージとM13ファージ（後述）にほぼ限られる．

λファージは48,502bpの二本鎖線状DNAをもち，両端に一本鎖部分（*cos*）があり，ここを利用して環状になる．感染後，複製，遺伝子発現，パッケージングを経て，宿主を殺して（溶菌）出てくる．このほか，溶原化（lysogeny）して宿主ゲノム中に組み込まれ，誘発によって増殖状態に移る生活環もある．ゲノムの中央部の組換えや溶原化など，増殖に必須でない領域はほかのDNA断片と置き換えが効くため，クローニングベクターとして利用することができる（図7-7-1）．

λファージベクター

種々のベクターがある．パッケージングに一定のDNAサイズ（38kb～52kb）が必要なため，クローニングサイズに下限と上限が生ずる．Charon系ベクターの中でAが付加されたものはアンバー変異をもち，*SupE*，*SupF*などの宿主で増殖でき，*lac5*遺伝子（β-GAL）をもつものはブルーホワイトアッセイができる．Charon34/35は*recA*⁻菌でも増殖できる． → **Data60** ファージ用大腸菌

参考 *in vitro* パッケージング

ファージ感染菌のライセート（溶解液）には粒子形成に必要な成分が含まれているので，ファージDNAが*cos*で連結して多量体となったものと混ぜると，DNAが*cos*で切られ，生じたDNA断片がファージ頭部に収納される．

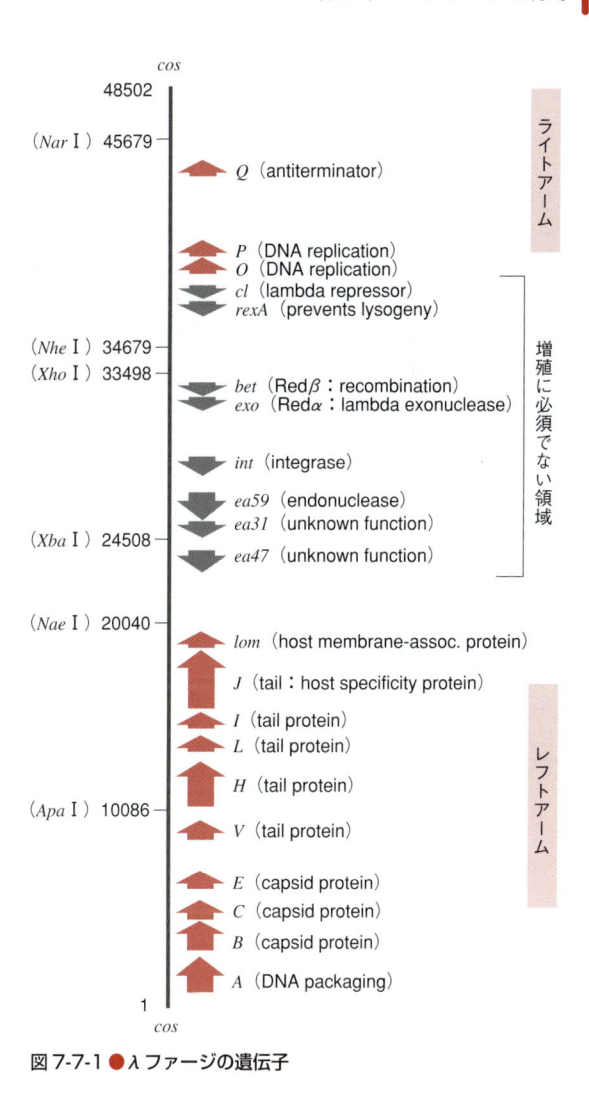

第7章-7 ファージの利用

```
             cos
   48502 ─┼─
(NarⅠ)45679 ─┤
             │   ▲ Q (antiterminator)                      ライトアーム
             │
             │   ▲ P (DNA replication)
             │   ▲ O (DNA replication)
             │   ▼ cI (lambda repressor)
             │   ▼ rexA (prevents lysogeny)
(NheⅠ)34679 ─┤
(XhoⅠ)33498 ─┤   ▼ bet (Redβ:recombination)
             │   ▼ exo (Redα:lambda exonuclease)           増殖に必須でない領域
             │
             │   ▼ int (integrase)
             │
             │   ▼ ea59 (endonuclease)
             │   ▼ ea31 (unknown function)
(XbaⅠ)24508 ─┤
             │   ▼ ea47 (unknown function)
             │
(NaeⅠ)20040 ─┤
             │   ▲ lom (host membrane-assoc. protein)
             │
             │   ▲ J (tail:host specificity protein)
             │
             │   ▲ I (tail protein)
             │   ▲ L (tail protein)
             │                                             レフトアーム
             │   ▲ H (tail protein)
(ApaⅠ)10086 ─┤
             │   ▲ V (tail protein)
             │
             │   ▲ E (capsid protein)
             │   ▲ C (capsid protein)
             │   ▲ B (capsid protein)
             │
             │   ▲ A (DNA packaging)
       1 ─┼─
             cos
```

図7-7-1 ● λファージの遺伝子

λ *EMBL*3/4 は多くの酵素で長い DNA をクローニングでき，*Spi* 選択（通常は増殖できない P 2 溶原菌で増殖させる方法）も可能である．λ *gt*11 は *lacZ* の内部にインサートを入れることができ，cDNA 発現クローニングに汎用され，フレームが合えば融合タンパク質が合成できる．λ ZAP は BluescriptSK（−）ファージミドが挿入されており，ヘルパーファージ感染により細胞内で切り出され〔両端に複製のイニシエーター（I）とターミネーター（T）があるため〕，プラスミドとして回収できる（図 7-7-2）．

M13 ファージおよびベクター

M13（近縁の fd や f1 も）は繊維状ファージで，6,407bp の一本鎖環状 DNA をもつが，パッケージされる DNA サイズの制限がない．F 繊毛を介して感染し，複製中間体（二本鎖環状 DNA）を経てファージ DNA が複製される．感染菌から

参考　出芽酵母の培地

<培地 1 *l* の組成>
YPD：グルコース 20 g，ペプトン 20 g，yeast extract 10 g，アデニン 40 mg
SD：グルコース 20 g，Yeast nitrogen base（アミノ酸不含）6.7 g，
エンリッチ SD：SD 培地＋カザミノ酸 5 g

<主な添加物>

	終濃度（μg/m*l*）	ストック溶液（mg/m*l*）
硫酸アデニル	40	2.4
ウラシル	20	2.4
L-トリプトファン	40	2.4
L-ロイシン	30	3.6
L-ヒスチジン	20	2.4
L-リジン	20	2.4
L-チロシン	3	2.0

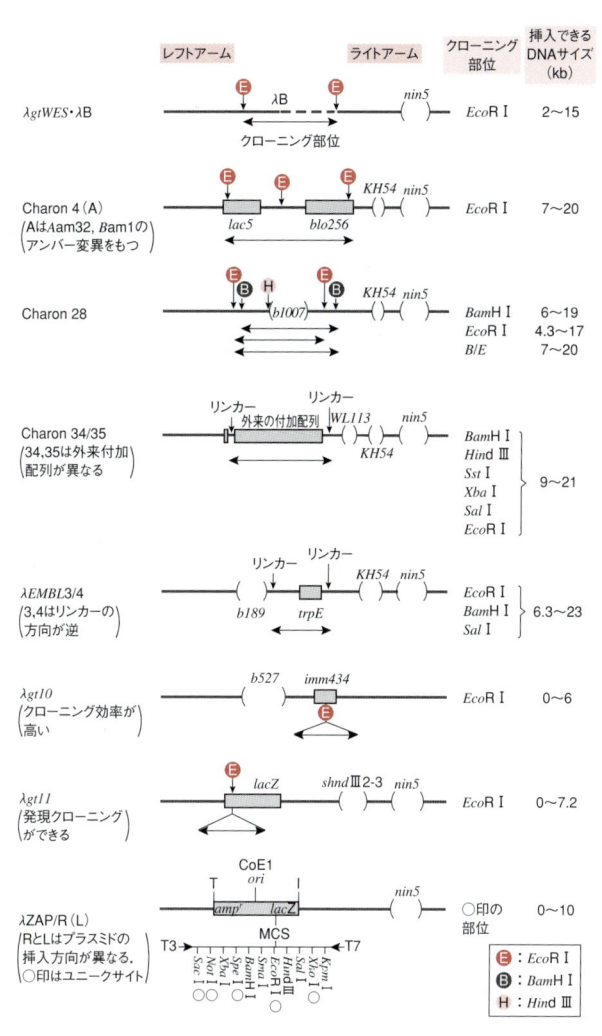

図 7-7-2 ● λファージベクターの構造

ベクター	クローニング部位	挿入できるDNAサイズ (kb)
λgtWES・λB	EcoRI	2〜15
Charon 4 (A) (AはAam32, Bam1のアンバー変異をもつ)	EcoRI	7〜20
Charon 28	BamHI EcoRI B/E	6〜19 4.3〜17 7〜20
Charon 34/35 (34,35は外来付加配列が異なる)	BamHI HindIII SstI XbaI SalI EcoRI	9〜21
λEMBL3/4 (3,4はリンカーの方向が逆)	EcoRI BamHI SalI	6.3〜23
λgt10 (クローニング効率が高い)	EcoRI	0〜6
λgt11 (発現クローニングができる)	EcoRI	0〜7.2
λZAP/R (L) (RとLはプラスミドの挿入方向が異なる. ○印はユニークサイト)	○印の部位	0〜10

凡例:
- E : EcoRI
- B : BamHI
- H : HindIII

Charon 4: lac5, blo256, KH54, nin5
Charon 28: b1007, KH54, nin5
Charon 34/35: リンカー, 外来の付加配列, WL113, KH54, nin5
λEMBL3/4: b189, trpE, KH54, nin5
λgt10: b527, imm434
λgt11: lacZ, shndIII 2-3, nin5
λZAP/R(L): CoE1 ori, amp^r, lacZ, MCS, nin5
MCS: SacI, NotI, XbaI, SpeI, BamHI, SmaI, EcoRI, HindIII, SalI, XhoI, KpnI (T3 → ← T7)

はプラスミドとssDNAの両方が得られ，プラスミドを用いる組換え操作と，ssDNAを鋳型とするジデオキシシークエンシングに利用される．

Messingらにより *lac I* と *lacZ α*（宿主菌の *lacZ* のN末端欠損を相補する α 断片をコード）をもつカラーセレクション可能なmpシリーズのベクターが多数作製された．M13mp18/19はpUC18/19（☞ **7章-4**）のMCSをもつ．M13ベクターの宿主として汎用されるJM109菌は *lac* オペロンからプロリンまでを欠き，F´プラスミドをもつ．F´上には *lacZ* の α 成分の欠失（*Δ M15*）遺伝子，*lac I* q（リプレッサー高発現変異型），*proAB* がある．菌はDNAを安定に保持させるため，*RecA* − となっている（**図7-7-3**）．➡

Data60 ファージ用大腸菌

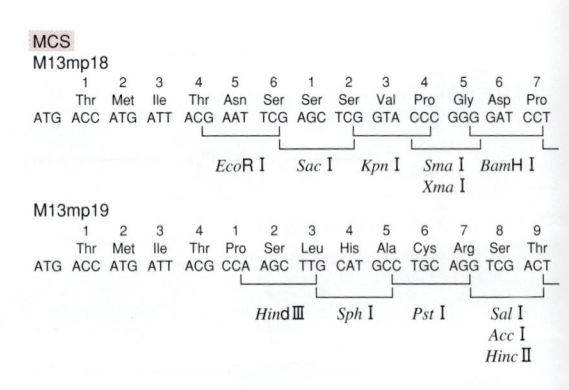

MCS
M13mp18

	1	2	3	4	5	6	1	2	3	4	5	6	7
	Thr	Met	Ile	Thr	Asn	Ser	Ser	Ser	Val	Pro	Gly	Asp	Pro
	ATG	ACC	ATG	ATT	ACG	AAT	TCG	AGC	TCG	GTA	CCC	GGG	GAT	CCT

*Eco*R I　*Sac* I　*Kpn* I　*Sma* I　*Bam*H I
　　　　　　　　　　　　　　　Xma I

M13mp19

	1	2	3	4	1	2	3	4	5	6	7	8	9
	Thr	Met	Ile	Thr	Pro	Ser	Leu	His	Ala	Cys	Arg	Ser	Thr
	ATG	ACC	ATG	ATT	ACG	CCA	AGC	TTG	CAT	GCC	TGC	AGG	TCG	ACT

*Hin*d III　*Sph* I　*Pst* I　*Sal* I
　　　　　　　　　　　　　　Acc I
　　　　　　　　　　　　　　Hinc II

第7章-7 ファージの利用

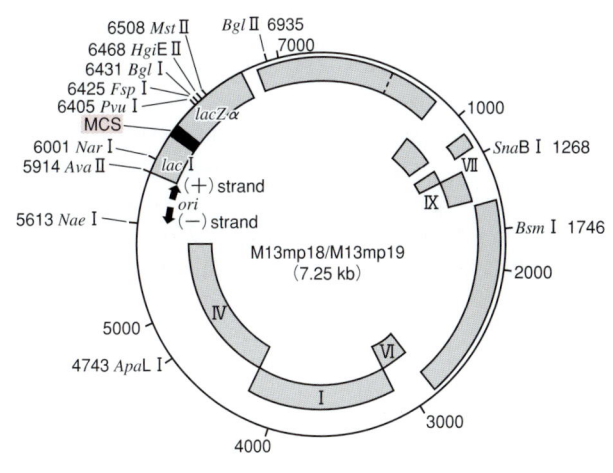

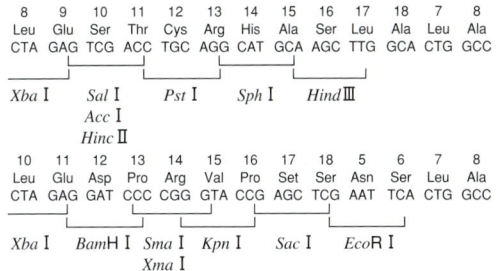

```
         6508 MstⅡ          BglⅡ 6935
         6468 HgiEⅡ        7000
         6431 BglⅠ
         6425 FspⅠ
         6405 PvuⅠ    lacZ'α              1000
              MCS
         6001 NarⅠ                        SnaBⅠ 1268
         5914 AvaⅡ   lac                VII
                        (＋) strand
                   ori
         5613 NaeⅠ      (－) strand     IX
                                              BsmⅠ 1746
                    M13mp18/M13mp19
                        (7.25 kb)         2000
                  IV
         5000
                                    VI
         4743 ApaLⅠ
                            I
                                        3000
                        4000
```

8	9	10	11	12	13	14	15	16	17	18	7	8
Leu	Glu	Ser	Thr	Cys	Arg	His	Ala	Ser	Leu	Ala	Leu	Ala
CTA	GAG	TCG	ACC	TGC	AGG	CAT	GCA	AGC	TTG	GCA	CTG	GCC

*Xba*Ⅰ　　　*Sal*Ⅰ　　*Pst*Ⅰ　*Sph*Ⅰ　　*Hind*Ⅲ
　　　　　*Acc*Ⅰ
　　　　　*Hinc*Ⅱ

10	11	12	13	14	15	16	17	18	5	6	7	8
Leu	Glu	Asp	Pro	Arg	Val	Pro	Ser	Ser	Asn	Ser	Leu	Ala
CTA	GAG	GAT	CCC	CGG	GTA	CCG	AGC	TCG	AAT	TCA	CTG	GCC

*Xba*Ⅰ　*Bam*HⅠ　*Sma*Ⅰ　*Kpn*Ⅰ　　*Sac*Ⅰ　　*Eco*RⅠ
　　　　　　　　*Xma*Ⅰ

図7-7-3 ● M13mp18/19の構造

MCSは，M13mp18中では，*Eco*RⅠy P*lac*のすぐ下流にある．M13mp19中では，*Hind*Ⅲy P*lac*のすぐ下流にある

第7章　大腸菌，プラスミド，ファージに関する操作

プロトコール 83

プラークアッセイ

　大腸菌が生えているソフトアガー中で，1個の菌にファージが感染し，溶菌しながら周囲に広がると，大きな溶菌斑（プラーク：plaque）となる．これを利用し，ファージの量（力価：タイター，plaque forming unit [pfu]）が測定できる．

準備

- 47℃ヒートブロック　● アンピシリン入り LB プレート
- NZYM ソフトアガー（トップアガー用）　● 宿主菌
- SM バッファー〔0.1M NaCl，8 mM $MgSO_4$，50mM Tris-HCl (pH 7.5)，1%ゼラチン：まとめてオートクレーブする〕

手順

1. 菌液 0.1 ml と，SM バッファーで適当に^{注意}希釈したファージ液 0.1 ml を混合し，室温で 20 分間置く
2. 前もって溶かした NZYM ソフトアガー 7.5 ml（15 ml チューブ使用）を 47℃に保温する
3. ファージ／菌混合液をソフトアガーに加えて軽く混ぜ，あらかじめ保温したプレートに注ぎ，トップアガーとして固めた後，一晩培養する

注意 通常のファージ液には，$10^6 \sim 10^{10}$ pfu/ml のファージが存在する．

参考　ファージの回収

先を切ったチップでプラーク部分のトップアガーを吸い取り，20 μl のクロロホルムを入れた 500 μl の SM バッファー中に移してボルテックスする．

プロトコール 84

ファージの増殖

方法Aはファージの力価が高くならないことがあり，高濃度のファージが確実に欲しい場合は方法Bの方が優れている．

準備
- NZYM培地
- プラークアッセイに使用したもの
- クロロホルム
- 10 mM Tris-HCl（pH 7.5）

方法A：液体培養法
1. ファージ懸濁液（〜0.1 ml）と大腸菌液0.1 mlを混ぜ，室温で30分間置く
2. 10 mlのNZYM培地に入れ，4〜8時間程度（培養液に透明感が出て，糸屑状の沈殿が見えるまで）振盪培養する
3. クロロホルムを0.1 ml加え，遠心分離（10,000 rpm，10分間）の上清をファージ液とする

方法B：プレートライセート法
1. プラークアッセイの要領で，全面溶菌させる
2. プレートに（10 cmシャーレの場合）6 mlの10 mM Tris-HCl（pH 7.5）と数滴のクロロホルムを加え，室温で90分間（別法：低温室で一晩）ゆっくりと振盪する
3. ライセートを遠心分離し，上清をファージ液とする

> **参考 ファージの保存**
> 通常は微量のクロロホルム（菌は死ぬ）を加えて4℃保存する．グリセロールを10%加え，−80℃で保存してもよい．

プロトコール 85
ファージ DNA の調製

菌由来の核酸を分解した後フェノール抽出で精製する．

準備

- Tris-フェノール
- フェノール／クロロホルム
- クロロホルム
- 0.5 M EDTA (pH 8.0)
- 70% エタノール
- SM バッファー
- 10% SDS
- 1 M $MgSO_4$
- 10 mg/ml DNase I
- 10 mg/ml RNaseA
- PEG／NaCl（20% PEG6000, 2 M NaCl）
- イソプロパノール
- TE

試薬の調製法 ➡ 『バイオ試薬調製ポケットマニュアル』参照

手順：5 ml のライセートからの調製法

❶ 5 μg/ml の DNase I，RNaseA と 10 mM の $MgSO_4$ を加え，37℃，60 分間インキュベート

❷ 等量の PEG／NaCl を加え，氷中で 60 分間インキュベート

❸ 3,000 rpm，0℃，20 分間遠心分離をし，上清をよく除く

❹ SM バッファー 0.5 ml 加えて溶かし，不溶物があれば遠心分離で除く

❺ EDTA と SDS を各々 10 mM，0.1％に加え，60℃，15 分間インキュベートする

❻ Tris-フェノール（1 回），フェノール／クロロホルム（2 回），クロロホルム（1 回）で穏やかに抽出する．抽出はゆるやかに振る程度にとどめる

❼ 水層にイソプロパノールを等量加えて DNA を沈殿させる

❽ DNA を遠心分離で回収の後エタノールリンスを行い，少量の TE に溶かす

> **参考　精製キット**
>
> Qiagen社のQIAGEN LambdaキットやQIAprepM13キットなどが利用できる.

> **参考　超遠心によるファージの精製**
>
> PEG沈で回収したファージをDNase I, クロロホルムで処理し, 塩化セシウムのクッション〔密度 1.45, 1.5, 1.7 g/ml (SMバッファー)〕に重層して15℃で1時間, 35,000 rpmで遠心分離すると, ファージは1.5 g/mlの上に集まる.

memo

II 部
実験に必要なデータ編

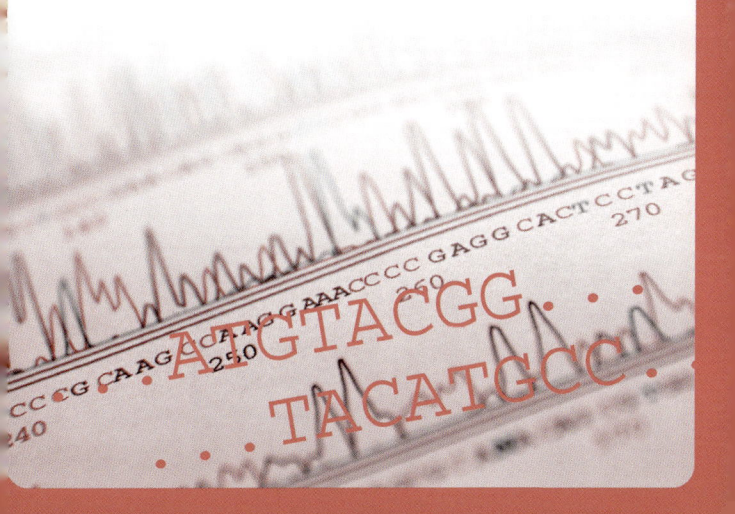

Data 1
分子量, モル濃度, 分子数

> 1モル (mol) 中の分子数 → 6.02×10^{23} (アボガドロ数)
> 1モル/リットル → 1M (1モルの濃度)
> 分子量A (Da) の物質1モルの質量 → Ag

〈例1〉
分子量58.44のNaCl29.22gが400mlの水に溶けている場合のモル濃度は

$(29.22/58.44)_{モル} \div 0.4_l = 1.25 M$ (モル/l)

〈例2〉
ヒトゲノムDNA (30億塩基対) が2.9pgある場合の分子数
(1塩基対の分子量を660Daとして計算)

$(2.9 \times 10^{-12}) \div [(3 \times 10^{9}) \times (6.6 \times 10^{2})] \times (6.02 \times 10^{23}) = 1.0$

memo

Data 2
主な水溶性試薬の分子量

物質名	分子式	分子量
水	H_2O	18.016
塩酸	HCl	36.46
酢酸	CH_3COOH	60.05
ホウ酸	H_3BO_3	61.83
水酸化ナトリウム	$NaOH$	40.00
水酸化カリウム	KOH	56.11
塩化ナトリウム	$NaCl$	58.44
塩化カリウム	KCl	74.55
塩化マグネシウム	$MgCl_2$	95.21
酢酸ナトリウム	CH_3COONa	82.03
酢酸カリウム	CH_3COOK	98.14
塩化カルシウム	$CaCl_2$	110.98
酢酸アンモニウム	CH_3COONH_4	77.08
硫酸マグネシウム	$MgSO_4$	120.37
炭酸水素ナトリウム(重曹)	$NaHCO_3$	84.01
トリス(Tris)塩基	———	121.2
HEPES	———	238.3
PIPES	———	304.3
MOPS	———	209.3
リン酸一ナトリウム	NaH_2PO_4	119.98
リン酸二ナトリウム	Na_2HPO_4	141.96
リン酸一カリウム	KH_2PO_4	136.09
リン酸二カリウム	K_2HPO_4	174.18
クエン酸ナトリウム(2水和物)	$C_6H_5Na_3O_7 \cdot 2H_2O$	294.1
EDTA(2 Na・2水和物)	$C_{10}H_{14}N_2O_8Na_2 \cdot 2H_2O$	372.24
SDS	$CH_3(CH_2)_{11}OSO_3Na$	288.38
スクロース	$C_{12}H_{22}O_{11}$	342.3
尿素	CH_4N_2O	60.0
グリセロール	$HOCH_2CHOHCH_2OH$	92.09
硫酸アンモニウム	$(NH_4)_2SO_4$	132.14
ジチオスライトール	———	154.25
グルコース	$C_6H_{12}O_6$	180.16
ATP・2 Na		551.4

Data 3
主な水溶性試薬（市販品）の濃度

分類	試薬名	分子量
酸	酢酸	60.05
	塩酸	34.46
	硝酸	63.01
	過塩素酸	100.46
	リン酸	98.00
	硫酸	98.07
塩基	水酸化アンモニウム（アンモニア水）	35.0
溶媒系	ホルムアミド	45.04
	ジメチルスルフォキシド（DMSO）	78.14
	N,N-ジメチルホルムアミド	73.09
	アセトニトリル	41.04
	酢酸エチル	88.11
その他の有機試薬	2-メルカプトエタノール	78.14
	グリセロール	92.09
	ホルムアルデヒド（ホルマリン）	30.03

memo

純度 (重量%)	およその モル濃度	比重 (g/cc)	1M溶液 (ml/l)
99.6	17.4	1.05	57.5
36	11.6	1.18	85.9
70	15.7	1.42	63.7
60	9.2	1.54	108.8
72	12.2	1.70	82.1
85	14.7	1.70	67.8
98	18.3	1.835	54.5
28	14.8	0.90	67.6
99	25.0	1.136	40
99	13.95	1.101	71.7
99.5	12.9	0.95	77.5
99.5	19.05	0.786	52.5
99.5	10.16	0.900	98.43
95	13.6	1.119	73.5
99	13.55	1.26	73.8
37	17.0	1.38	58.8

memo

Data 4
水の電離とpH

〈理論〉

$H_2O \rightleftarrows [H^+]+[OH^-]$, $[H^+]\times[OH^-]=1\times10^{-14}$
　　水素イオン 水酸化物イオン　　　　　　　　　（ある温度で一定）

$[H^+]=1\times10^{-7}$ （中性の水）

$\log\left(\dfrac{1}{10^{-7}}\right)=\log 10^7=7.0$ [pH]

〈実際〉

pH [X] − pH [S] = $(E_X-E_S)/(2.303RT/F)$
試料pH　　標準液pH

E_X：試料の起電力，E_S：標準液の起電力，R：気体常数，K：絶対温度，F：ファラデー定数

memo

Data 5
pH標準液

温度 (℃)	pH2 標準液 (しゅう酸塩)	pH4 標準液 (フタル酸塩)[*1]	pH7 標準液 (中性リン酸塩)[*2]	pH9 標準液 (ホウ酸塩)	pH12 標準液 (飽和水酸化 カルシウム溶液)
0	1.666	4.003	6.984	9.464	13.423
5	1.668	3.999	6.951	9.395	13.207
10	1.670	3.998	6.923	9.332	13.003
15	1.672	3.999	6.900	9.276	12.810
20	1.675	4.002	6.881	9.225	12.627
25	1.679	4.008	6.865	9.180	12.454
30	1.683	4.015	6.853	9.139	12.289
35	1.688	4.024	6.844	9.102	12.133
38	1.691	4.030	6.840	9.081	12.043
40	1.694	4.035	6.833	9.068	11.984
45	1.700	4.047	6.834	9.038	11.841
50	1.707	4.060	6.833	9.011	11.705
55	1.715	4.075	6.834	8.985	11.574
60	1.723	4.091	6.836	8.962	11.499
70	1.743	4.126	6.845	8.885	
80	1.766	4.164	6.859	8.885	
90	1.792	4.205	6.877	8.850	
95	1.806	4.227	6.886	8.833	

通常はこの2つを用いる（pH4 標準液、pH7 標準液）

*1：50mMフタル酸水素カリウム
*2：25mMリン酸二水素カリウム，25mMリン酸水素二ナトリウム

Data 6
主なバッファーの適用pH範囲

バッファー名	使用pH範囲
グリシン-HCl	2.2〜3.6
クエン酸-クエン酸ナトリウム（NaOH）	3.0〜6.2
酢酸–酢酸ナトリウム（NaOH）	3.7〜5.6
コハク酸ナトリウム-NaOH	3.8〜6.0
カコジル酸ナトリウム-HCl	5.0〜7.4
リンゴ酸ナトリウム-NaOH	5.2〜6.8
Tris-リンゴ酸	5.4〜8.4
MES-NaOH	5.4〜6.8
PIPES-NaOH	6.2〜7.3
MOPS-NaOH	6.4〜7.8
イミダゾール-HCl	6.2〜7.8
リン酸	5.8〜8.0
TES-NaOH	6.8〜8.2
HEPES-NaOH	7.2〜8.2
Tricine-HCl	7.4〜8.8
Tris-HCl	7.1〜8.9
EPPS-NaOH	7.3〜8.7
Bicine-NaOH	7.7〜8.9
グリシルグリシン-NaOH	7.3〜9.3
TAPS-NaOH	7.7〜9.1
ホウ酸-NaOH	9.3〜10.7
グリシン-NaOH	8.6〜10.6
炭酸ナトリウム-炭酸水素Na	9.2〜10.8
炭酸ナトリウム-NaOH	9.7〜10.9

Data 7
様々なバッファーの組成表

① 1M Tris-HCl バッファー 1 l

濃塩酸 (ml)	pH (25℃)
8.6	9.0
14	8.8
21	8.6
28.5	8.4
38	8.2
46	8.0
56	7.8
66	7.6
71.3	7.4
76	7.2

Tris 塩基 121.2 g を約 0.9 l の水に溶かし濃塩酸 (11.6 N) を加え，水で 1 l にする

② 50 mM Tris-HCl バッファー 100 ml

0.1 N 塩酸 (ml)	pH (25℃)
45.7	7.10
44.7	7.20
43.4	7.30
42.0	7.40
40.3	7.50
38.5	7.60
36.6	7.70
34.5	7.80
32.0	7.90
29.2	8.00
26.2	8.10
22.9	8.20
19.9	8.30
17.2	8.40
14.7	8.50
12.4	8.60
10.3	8.70
8.5	8.80
7.0	8.90

50 ml の 0.1 M Tris 塩基と上記の 0.1 N 塩酸を混合し，水で 100 ml とする

③ 0.2 M 酢酸ナトリウムバッファー 100 ml

pH (18℃)	0.2M-NaOAc (ml)	0.2M-HOAc (ml)
3.7	10.0	90.0
3.8	12.0	88.0
4.0	18.0	82.0
4.2	26.5	73.5
4.4	37.0	63.0
4.6	49.0	51.0
4.8	59.0	41.0
5.0	70.0	30.0
5.2	79.0	21.0
5.4	86.0	14.0
5.6	91.0	9.0

0.2 M の酢酸ナトリウムと酢酸溶液を用意し，表のように混合する

④ 0.1 M リン酸カリウムバッファー 1 l

pH (20℃)	1M K_2HPO_4 (ml)	1M KH_2PO_4 (ml)
5.8	8.5	91.5
6.0	13.2	86.8
6.2	19.2	80.8
6.4	27.8	72.2
6.6	38.1	61.9
6.8	49.7	50.3
7.0	61.5	38.5
7.2	71.7	28.3
7.4	80.2	19.8
7.6	86.6	13.4
7.8	90.8	9.2
8.0	94.0	6.0

1 M のリン酸一カリウムとリン酸二カリウム溶液を用意し，表のように混合し，水で 1 l にする

⑤ 0.1 M リン酸ナトリウムバッファー 1 l

pH (25℃)	1M Na_2HPO_4 (ml)	1M NaH_2PO_4 (ml)
5.8	7.9	92.1
6.0	12.0	88.0
6.2	17.8	82.2
6.4	25.5	74.5
6.6	35.2	64.8
6.8	46.3	53.7
7.0	57.7	42.3
7.2	68.4	31.6
7.4	77.4	22.6
7.6	84.5	15.5
7.8	89.6	10.4
8.0	93.2	6.8

1 Mのリン酸一ナトリウムとリン酸二ナトリウム溶液を用意し，表のように混合し，水で 1 l にする

⑥ 50mMグリシン HClバッファー100ml

pH, 25℃	Xml 0.2M-HCl
2.2	22.0
2.4	16.2
2.6	12.1
2.8	8.4
3.0	5.7
3.2	4.1
3.4	3.2
3.6	2.5

25mlの0.2Mグリシン(15g/l)とXmlの0.2M HClを混合し，水で100mlとする

⑦ 炭酸水素ナトリウム-炭酸ガスバッファー

pH, 37℃	5％CO_2存在下での $NaHCO_3$ (MW. 84.02) の濃度
6.0	5.86×10^{-4}M
6.2	9.29×10^{-4}M
6.4	1.47×10^{-3}M
6.6	2.33×10^{-3}M
6.8	3.70×10^{-3}M
7.0	5.86×10^{-3}M
7.2	9.29×10^{-3}M
7.4	1.47×10^{-2}M
7.6	2.33×10^{-2}M
7.8	3.70×10^{-2}M
8.0	5.86×10^{-2}M

炭酸ガス培養器で 5 ％CO_2存在下で求めるpHにする時に加えるべき炭酸水素ナトリウム（重曹）の濃度

⑧ 50mM グリシン-NaOH バッファー 100ml

pH, 25℃	Xml 0.2M-NaOH
8.6	2.0
8.8	3.0
9.0	4.4
9.2	6.0
9.4	8.4
9.6	11.2
9.8	13.6
10.0	16.0
10.4	19.3
10.6	22.75

25mlの0.2Mグリシン（15g/l）とXmlの0.2N NaOHを混合し，水で100mlとする

⑨ 50mM HEPES-NaOH バッファー 50ml

	Xml 0.1M-NaOH	
pH	21℃	37℃
7.0	—	7.4
7.2	6.6	9.9
7.4	8.7	12.3
7.6	11.2	14.6
7.8	13.7	17.1
8.0	16.3	19.5
8.2	18.8	—

25mlの0.1M HEPES（23.83g/l）とXmlの0.1N NaOHを混合し，水で50mlとする．（KOHを用いる場合は異なる）

⑩ 50mM MOPS-KOH バッファー 100ml

	Xml 0.1M-KOH	
pH	22℃	37℃
6.4	—	5.8
6.6	4.8	7.8
6.8	6.7	10.1
7.0	8.7	13.0
7.2	11.5	16.4
7.4	15.0	19.3
7.6	18.0	21.8
7.8	20.6	—

25mlの0.1M MOPS（20.93g/l）とXmlの0.1N KOHを混合し，水で100mlとする

Data 8
pH指示薬の変色域

指示薬	pK_a	色調変化	変色域 (pH)
チモールブルー(酸性域)	1.65	赤〜黄	1.2〜2.8
ブロモフェノールブルー	3.85	黄〜青	3.0〜4.6
メチルレッド	4.95	赤〜黄	4.4〜6.0
ブロモチモールブルー(BTB)	7.1	黄〜青	6.0〜7.6
フェノールレッド	7.9	黄〜赤	6.8〜8.4
チモールブルー(塩基性域)	8.9	黄〜青	8.0〜9.5
フェノールフタレイン	9.4	無〜紫赤	8.0〜9.8

Data 9
Tris-HClバッファーの温度によるpHの変化

5℃	25℃	37℃
7.76	7.20	6.91
7.89	7.30	7.02
7.97	7.40	7.12
8.07	7.50	7.22
8.18	7.60	7.30
8.26	7.70	7.40
8.37	7.80	7.52
8.48	7.90	7.62
8.58	8.00	7.71
8.68	8.10	7.80
8.78	8.20	7.91
8.88	8.30	8.01
8.98	8.40	8.10
9.09	8.50	8.22
9.18	8.60	8.31
9.28	8.70	8.42

単位:pH

Data 10
回転数と遠心加速度の関係

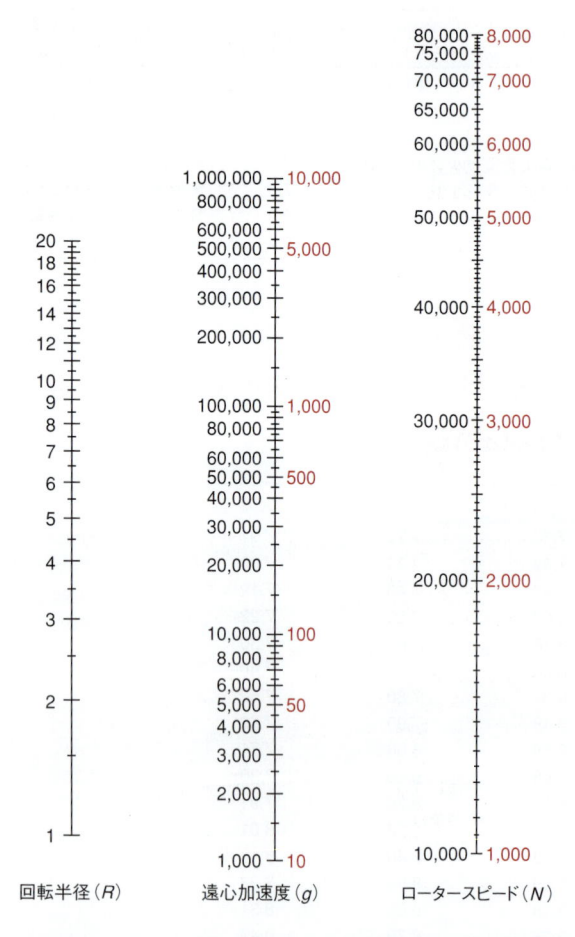

回転半径 (R) 遠心加速度 (g) ロータースピード (N)

遠心加速度 (g) は以下の式で算出されるが，概算値は上図で求められる．
$g = 1.118 \times 10^{-8} \times R \text{ (cm)} \times N^2 \text{ (rpm)}$

Data ⑪
オートクレーブの圧力と温度

圧力 (気圧)	kPa (パスカル)	温度 (℃)
0	0	100.0
0.068	6.89	101.9
0.25	20.68	105.3
0.34	34.47	108.4
0.48	48.26	111.3
0.61	62.05	113.9
0.75	75.84	116.4

圧力 (気圧)	kPa (パスカル)	温度 (℃)
0.89	89.63	118.8
1.02	103.42	121.0
1.16	117.21	123.0
1.30	131.00	125.0
1.71	172.37	130.4
2.39	241.32	138.1

1 気圧 = 1.013×10^5 パスカル

Data ⑫
殺菌法

【熱による方法】器具の殺菌・消毒
煮沸：10〜30分間の加熱
【試薬・薬剤による方法】手指や器具の殺菌，動物実験での消毒
〈アルコール類〉エタノール（70％） 〈グルタールアルデヒド〉（商品名：サイデックス，ステリハイド） 〈芳香族化合物〉クロルヘキシジン（商品名：ヒビデン） 〈界面活性剤〉陰性石けん（通常の石けん，殺菌力は弱い） 　　　　　　　逆性石けん（商品名：オスバン，ハイアミン）
【その他の方法】クリーンベンチや無菌室の殺菌
紫外線，殺菌灯

実験室で行うものを中心に

Data ⑬
放射能に関する単位

① 壊変（崩壊）	・3.7×10^{10} dps（壊変／秒）＝1 Ci（キューリー）
	・1 Ci ＝ 37×10^9 Bq（ベクレル）　1μ Ci ＝ 37 KBq
	1 mCi ＝ 37 MBq
② エネルギー	・1 MeV（メガ電子ボルト）＝ 1×10^6 eV
	＝ 1.6×10^{-6} erg（エルグ）
	＝ 3.7×10^{-14} cal（カロリー）
③ 照射線量	・1 R（レントゲン）＝ 5.24×10^{13} eV
	＝ 83.8 erg/g（空気）
④ 吸収線量	・1 rad（ラッド）＝ 100 erg/g　100 rad ＝ 1 Gy（グレイ）
⑤ 線量当量	・1 rem [*1] ＝1 rad × RBE [*2]
	100 rem ＝1 Sv（シーベルト）
	＝1 J（ジュール）/kg

[*1]：rad equivalent man：レム
[*2]：RBE（生物学的効果比）

$$= \frac{\text{一定効果を得るのに必要なX線か}\gamma\text{線の吸収線量}}{\text{同じ効果を得るのに必要な放射線の吸収線量}}$$

Data ⑭
生物学で使用されるRI

元素と質量数	崩壊形式	半減期	エネルギー（MeV）	
			β線	γ線
^{3}H	$\beta-$	12.3 年	0.0185	—
^{11}C	$\beta+$	20.5 分	0.95	—
^{14}C	$\beta-$	5,760 年	0.156	—
^{22}Na	$\beta+, \gamma$	2.6 年	0.58（90%）	1.3
^{24}Na	$\beta-, \gamma$	14.8 時間	1.39	1.38, 2.76
^{28}Mg	$\beta-$	21.4 時間	0.459	
^{31}Si	$\beta-$	170 分	1.8	
^{32}P	$\beta-$	14.3 日	1.71	
^{35}S	$\beta-$	87.1 日	0.169	
^{36}Cl	$\beta+$, EC, $\beta-$	3.1×10^5年	0.71	

元素と質量数	崩壊形式	半減期	エネルギー (MeV) β線	エネルギー (MeV) γ線
^{38}Cl	β−, γ	38.5 分	1.19 (36%) 2.70 (11%) 5.20 (53%)	1.60 (43%) 2.12 (57%)
^{42}K	β−, γ	12.4 時間	2.04 (25%) 3.58 (75%)	1.4, 2.1
^{45}Ca	β−	165 日	0.260	
^{51}Cr	EC, γ	28 日		0.323, 0.237
^{52}Mn	β+ (35%) EC (65%)	5.8 日	0.58	1.0, 0.73 0.94, 1.46
^{54}Mn	EC, γ	310 日	——	0.835
^{55}Fe	EC	2.94 年	——	
^{57}Co	γ	270 日	——	0.136 (10%) 0.122 (88%)
^{58}Co	β+ (14.5%), γ	72 日	0.472	0.805
^{59}Fe	β−, γ	46.3 日	0.46 (50%) 0.26 (50%)	1.3 (50%) 1.1 (50%)
^{60}Co	β−, γ	5.3 年	0.31	1.16, 1.32
^{64}Cu	EC (54%) β− (31%) β+ (15%) γ+EC (1.5%)	12.8 時間	0.57 (β−) 0.66 (β+)	1.35 (2.5%)
^{65}Zn	β+ (1.3%) EC (98.7%)	250 日	0.32	1.14 (46% of EC)
^{76}As	β−, γ	26.8 時間	3.04 (60%) 2.49 (25%) 1.29 (15%)	1.705 1.20 0.55
^{75}Se	EC, γ	121 日	——	0.076 − 0.405
^{82}Br	β−, γ	36 時間	0.465	0.547, 0.787 1.35
^{86}Rb	β−, γ	18.7 日	1.822 (80%) 0.716 (20%)	1.081
^{89}Sr	β−	51 日	1.46	——
^{90}Sr	β−	28.5 年	0.61	
^{99}Mo	β−, γ	68 時間	1.3	0.75, 0.24
^{125}Sb	β−, γ	2.7 年	0.3 (65%) 0.7 (35%)	0.55
^{125}I	γ, EC	60 日		0.035
^{131}I	β−, γ	8.1 日	0.605 (86%) 0.25 (14%)	0.637, 0.363 0.282, 0.08

EC：軌道電子捕獲．%はそのエネルギーの放射線の比率を示す
トリチウムのβ線は空気中でもほとんど進まない

Data ⑮
主要RIの減衰率

^{32}P 半減期 14.3 日		^{35}S 半減期 87.1 日		^{131}I 半減期 8.1 日		^{3}H 半減期 12.3 年	
時間 (日)	残存量 (%)	時間 (日)	残存量 (%)	時間 (日)	残存量 (%)	時間 (年)	残存量 (%)
1	95.3	2	98.4	0.2	98.3	1	94.5
2	90.8	5	96.1	0.4	96.6	2	89.3
3	86.5	10	92.3	0.6	95.0	3	84.4
4	82.4	15	88.7	1.0	91.8	4	79.8
5	78.5	20	85.3	1.6	87.2	5	75.4
6	74.8	25	82.0	2.3	81.2	6	71.3
7	71.2	31	78.1	3.1	76.7	7	67.4
8	67.8	37	74.5	4.0	71.0	8	63.7
9	64.7	43	71.0	5.0	65.2	9	60.2
10	61.5	50	67.0	6.1	59.3	10	56.9
11	58.7	57	63.6	7.3	53.4	11	53.8
12	55.9	65	59.6	8.1	50.0	12	50.9
13	53.2	73	56.0			12.3	50.0
14	50.7	81	52.5				
14.3	50.0	87.1	50.0				

memo

^{125}I 半減期60日		^{45}Ca 半減期165日		^{51}Cr 半減期28日	
時間(日)	残存量(%)	時間(日)	残存量(%)	時間(日)	残存量(%)
4	95.5	10	95.9	2	95.2
8	91.2	20	91.9	4	90.6
12	87.1	30	88.2	6	86.2
16	83.1	40	84.5	8	82.0
20	79.4	50	81.1	10	78.1
24	75.8	60	77.7	12	74.3
28	72.4	70	74.5	14	70.7
32	69.1	80	71.5	16	67.3
36	66.0	90	68.5	18	64.0
40	63.0	100	65.7	20	61.0
44	60.2	110	63.0	22	58.0
48	57.4	120	60.4	24	55.2
52	54.8	130	57.9	26	52.5
56	52.4	140	55.5	28	50.0
60	50.0	150	53.3		
		165	50.0		

memo

Data 16
塩基，ヌクレオシド，ヌクレオチド

	分子量	λ_{max} (nm)	ε_{max} ($\times 10^{-3}$)
アデニン	135.1	260.5	13.4
アデノシン	267.2	260	14.9
アデノシン5´-リン酸（5´-AMP）	347.2	259	15.4
アデノシン5´-二リン酸（5´-ADP）	427.2	259	15.4
アデノシン5´-三リン酸（5´-ATP）	507.2	259	14.5
2´-デオキシアデノシン5´-三リン酸（dATP）	491.2	259	15.4
シトシン	111.1	267	6.1
シチジン	243.2	271	8.3
シチジン5´-リン酸（5´-CMP）	323.2	271	9.1
シチジン5´-二リン酸（5´-CDP）	403.2	271	9.1
シチジン5´-三リン酸（5´-CTP）	483.2	271	9.0
2´-デオキシシチジン5´-三リン酸（dCTP）	467.2	272	9.1
グアニン	151.1	276	8.15
グアノシン	283.2	253	13.6
グアノシン5´-リン酸（5´-GMP）	363.2	252	13.7
グアノシン5´-二リン酸（5´-GDP）	443.2	253	13.7
グアノシン5´-三リン酸（5´-GTP）	523.2	253	13.7
2´-デオキシグアノシン5´-三リン酸（dGTP）	507.2	253	13.7
チミン	126.1	264.5	7.9
2´-デオキシチミジン	242.2	267	9.7
2´-デオキシチミジン5´-リン酸（TMP）	322.2	267	9.6
2´-デオキシチミジン5´-三リン酸（dTTP）	482.2	267	9.6
ウラシル	112.1	259	8.2
ウリジン	244.2	262	10.1
ウリジン5´-リン酸（5´-UMP）	324.2	260	10.0
ウリジン5´-三リン酸（UTP）	484.2	260	10.0
2´,3´-ジデオキシアデノシン5´-三リン酸（ddATP）	475.2	—	—
2´,3´-ジデオキシシチジン5´-三リン酸（ddCTP）	451.2	—	—
2´,3´-ジデオキシグアノシン5´-三リン酸（ddGTP）	491.2	—	—
2´,3´-ジデオキシチミジン5´-三リン酸（ddTTP）	466.2	—	—

Data 17
DNAに関する換算式

線状DNAの末端のモル数＝DNAモル数

DNAの分子量　　dsDNAの分子量＝塩基対数×660（Da）
　　　　　　　　ssDNAの分子量＝塩基数×330（Da）

5′(3′)末端のpmol数

〈dsDNA〉

$$\frac{2\times10^6\times\mu g\,(dsDNA)}{MW}=\frac{2\times10^6\times\mu g\,(dsDNA)}{N_{bp}\times660}$$

〈ssDNA〉

$$\frac{1\times10^6\times\mu g\,(ssDNA)}{MW}=\frac{1\times10^6\times\mu g\,(ssDNA)}{N_b\times330}$$

μgからpmolへ

〈dsDNA〉

$$\mu g\,(dsDNA)\times\frac{10^6\,pg}{1\,\mu g}\times\frac{1\,pmol}{660\,pg}\times\frac{1}{N_{bp}}=\frac{\mu g\,(dsDNA)\times1,515}{N_{bp}}$$

〈ssDNA〉

$$\mu g\,(ssDNA)\times\frac{10^6\,pg}{1\,\mu g}\times\frac{1\,pmol}{330\,pg}\times\frac{1}{N_b}=\frac{\mu g\,(ssDNA)\times3,030}{N_b}$$

pmolからμgへ

〈dsDNA〉

$$pmol\,(dsDNA)\times\frac{660\,pg}{1\,pmol}\times\frac{1\,\mu g}{10^6\,pg}\times N_{bp}=pmol\,(dsDNA)\times N_{bp}\times6.6\times10^{-4}$$

〈ssDNA〉

$$pmol\,(ssDNA)\times\frac{330\,pg}{1\,pmol}\times\frac{1\,\mu g}{10^6\,pg}\times N_b=pmol\,(ssDNA)\times N_b\times3.3\times10^{-4}$$

---

dsDNA：二本鎖DNA，ssDNA：一本鎖DNA，
$N_{bp\,(b)}$：塩基対数（塩基数），MW：分子量（Da）

Data 18
代表的DNAのデータ

DNA種	サイズ(bp)	形態	分子量(Da)	pmol/μg	μg/pmol	5′(3′)端の pmol/μg
dsDNA断片	100 bp	線状	6.6	15.2	0.066	30.3
	500 bp	線状	33.0	3.03	0.3	6.06
pUC18/19 dsDNA	2,686 bp	環状	1.8×10^3	0.57	1.77	—
		線状*	1.8×10^3	0.57	1.77	1.14
pBR322 dsDNA	4,363 bp	環状	2.9×10^6	0.35	2.88	—
		線状	2.9×10^6	0.35	2.88	0.7

＊制限酵素で1カ所切断したとき

Data 19
核酸の吸光度

A) 天然の核酸の吸光度

dsDNA 1 μg/ml → $OD_{260}=0.02$
ssDNA 1 μg/ml → $OD_{260}=0.03$
RNA 1 μg/ml → $OD_{260}=0.025$

B) オリゴヌクレオチドの吸光度と濃度

$$\text{オリゴヌクレオチドの濃度(pmole/}\mu l) = OD_{260} \times \frac{100}{1.5N_A + 0.71N_C + 1.2N_G + 0.8N_T}$$

(Nは各ヌクレオチドの個数)

概算値：1 μg/ml の OD_{260} は0.03

Data 20
制限酵素認識配列に関する クロスインデックス

制限酵素認識配列に関するクロスインデックス*[1]

	AATT	ACGT	AGCT	ATAT	CATG	CCGG	CGCG	CTAG
▼□□□□	Tsp509 I							
□▼□□□		Mae II				Msp I Hpa II		Mae I
□□▼□□			Alu I CviJ I				Mvn I FnuD II	
□□□▼□								
□□□□▼		Tai I			Nla III			

	GATC	GCGC	GGCC	GTAC	TATA	TCGA	TGCA	TTAA
▼□□□□		Dpn II Nde II Sau3A I						
□▼□□□		HinP1 I		Csp6 I		Taq I		Tru9 I
□□▼□□	Dpn I		Hae III CviJ I	Rsa I			CviR I	
□□□▼□		Cfo I						
□□□□▼	Cha I							

*配列は5′→3′で示し,▼は切断点を示す

制限酵素認識配列に関するクロスインデックス*②

	AA□TT	AC□GT	AG□CT	AT□AT	CA□TG	CC□GG	CG□CG	CT□AG
▼□□N□□						BssK I		
□▼□N□□								Dde I
□□▼N□□						ScrF I		
□□N▼□□		Tsp4C I						
□□N□▼□								
□□N□□▼								
▼□□^A_T□□						EcoR II		
□▼□^A_T□□								
□□▼^A_T□□						Mva I		
□□^A_T▼□□								
□□^A_T□▼□								
□□^A_T□□▼								
▼□□^G_C□□								
□▼□^G_C□□								
□□▼^G_C□□						Nci I		
□□^G_C▼□□								
□□^G_C□▼□								
□□^G_C□□▼								

＊配列は5′→3′で示し，▼は切断点を示す

Data 20

GA□TC	GC□GC	GG□CC	GT□AC	TA□TA	TC□GA	TG□CA	TT□AA	
			MaeⅢ					▼□□N□□
HinfⅠ		Sau96Ⅰ						□▼□N□□
	ItaⅠ							□□▼N□□
								□□N▼□□
		FmuⅠ						□□N□▼□
								□□N□□▼
								▼□□A/T□□
TfiⅠ	TseⅠ	AvaⅡ						□▼□A/T□□
								□□▼A/T□□
								□□A/T▼□□
								□□A/T□▼□
								□□A/T□□▼
			Tsp45Ⅰ					▼□□G/C□□
								□▼□G/C□□
								□□▼G/C□□
								□□G/C▼□□
								□□G/C□▼□
								□□G/C□□▼

第3章 基本となるDNA実験

制限酵素認識配列に関するクロスインデックス*③

	AATT	ACGT	AGCT	ATAT	CATG	CCGG	CGCG	CTAG
G▼□□□□C	EcoR I Acs I					NgoMIV Cfr10 I	BssH II	Nhe I
G□▼□□□C		Acy I						
G□□▼□□C			Ecl136 II	EcoRV		Nae I		
G□□□▼□C								
G□□□□▼C		AatⅡ	Sac I Ban II AspH I Bsp1286 I		Sph I Nsp I			
T▼□□□□A					Rca I	BseA I Mro I BsaW I		Xba I
T□▼□□□A								
T□□▼□□A		SnaB I BsaA I					Nru I	
T□□□▼□A								
T□□□□▼A								

*配列は5'→3'で示し，▼は切断点を示す

	GATC	GCGC	GGCC	GTAC	TATA	TCGA	TGCA	TTAA	
	BamHI XhoII	KasI BanI	Bsp120I	Asp718 BanI		SalI	Alw44I		G▼☐☐☐C
		NarI AcyI			AccI	AccI			G☐▼☐☐C
			SfoI		Bst1107I	HincII		HpaI HindII	G☐☐▼☐C
									G☐☐☐▼C
		BbeI HaeI	ApaI BanII Bsp1286I	KpnI			Bsp1286I AspHI		G☐☐☐☐▼C
	BclI		EaeI	SspBI					T▼☐☐☐☐A
						SfuI			T☐▼☐☐☐A
		AviII	MluNI					DraI	T☐☐▼☐☐A
									T☐☐☐▼☐A
									T☐☐☐☐▼A

制限酵素認識配列に関するクロスインデックス*④

	AATT	ACGT	AGCT	ATAT	CATG	CCGG	CGCG	CTAG
A▼□□□□T	Acs I		HindⅢ		BspLU11 I Afl Ⅲ	PinA I Cfr10 I BsaW I	Mlu I Afl Ⅲ	Spe I
A□▼□□□T		Psp1406 I						
A□□▼□□T				Ssp I				
A□□□▼□T								
A□□□□▼T					Nsp I			
C▼□□□□G	Mun I				Nco I Sty I Dsa I	XmaC I Ava I BsoB I	Dsa I	Bln I Sty I
C□▼□□□G				Nde I				
C□□▼□□G		BbrP I BsaA I	Pvu Ⅱ MspA1 I			Sma I	MspA1 I	
C□□□▼□G							Ksp I	
C□□□□▼G								

＊配列は5′→3′で示し、▼は切断点を示す

	GATC	GCGC	GGCC	GTAC	TATA	TCGA	TGCA	TTAA	
	BglII XhoII								A▼□□□T
							Asn I		A□▼□□□T
		Eco47III	Stu I	Sca I					A□□▼□□T
									A□□□▼□T
		HaeII					Nsi I		A□□□□▼T
			EclX I Eae I	BsiW I	Sfc I	Xho I Ava I BsoB I Sml I	Sfc I	Bfr I Sml I	C▼□□□□G
									C□▼□□□G
									C□□▼□□G
	Pvu I BsiE I		BsiE I						C□□□▼□G
							Pst I		C□□□□▼G

Data 21
制限酵素の性質

制限酵素の性質①

酵素名	認識配列[*1]	各反応液での相対活性（％）（ユニバーサルバッファー）[*2] A	B	L
AatⅡ	GACGT↓C	100	0～10	0～10
AccⅠ	GT↓(A,C)(T,G)AC	100	0～10	10～25
AcsⅠ	(A,G)↓AATT(T,C)	50～75	100	0～10
AcyⅠ	G(A,G)↓CG(C,T)C	10～25	100	10～25
AflⅢ	A↓C(A,G)(T,C)GT	50～75	75～100	50～75
AluⅠ	AG↓CT	100	50～75	25～50
Alw44Ⅰ	G↓TGCAC	100	25～50	75～100
ApaⅠ	GGGCC↓C	100	10～25	50～75
AsnⅠ	AT↓TAAT	100	100	25～50
AspⅠ	GACN↓NNGTC	50～75	100	25～50
Asp700	GAANN↓NNTTC	50～75	100	10～25
Asp718	G↓GTACC	75～100	100	0～10
AspEⅠ	GACNNN↓NNGTC	10～25	10～25	100
AspHⅠ	G(A,T)GC(T,A)↓C	25～50	100	100
AvaⅠ	C↓(T,C)CG(A,G)G	100	100	10～25
AvaⅡ	G↓G(A,T)CC	100	50～75	75～100
AviⅡ	TGC↓GCA	50～75	75～100	10～25
BamHⅠ	G↓GATCC	100	100	75～100
BanⅡ	G(A,G)GC(T,C)↓C	75～100	100	50～75
BbrPⅠ	CAC↓GTG	75～100	100	75～100
BclⅠ	T↓GATCA	100	100	25～50
BfrⅠ	C↓TTAAG	25～50	25～50	75～100
BglⅠ	GCC(N$_4$)↓NGGC	25～50	50～75	10～25
BglⅡ	A↓GATCT	100	100	25～50
BlnⅠ	C↓CTAGG	25～50	50～75	0～10
BmyⅠ	G(G,A,T)GC(C,T,A)↓C	100	0～10	100
BpuAⅠ	GAAGAC(N)$_{2/6}$	10～25	100	25～50
BseAⅠ	T↓CCGGA	75～100	100	0～10
BsiWⅠ	C↓GTACG	25～50	100	10～25
BsiYⅠ	CCNNNNN↓NNGG	100	100	50～75

*1～5：274ページ参照

ユニバーサルバッファーは H (high salt conc.), M (medium salt conc.), L (low salt conc.), A (acetate), B (β- ME) などと略されているが、前者4種類はどのメーカーも同じようなものを出している.

各反応液での相対活性(%) (ユニバーサルバッファー)[*2]		反応温度[*3] (℃)	失活[*4]		メチル化[*5]の 感受性	酵素名
M	H		熱	エタノール		
10〜25	0〜10	37	Y	−	CG⁺	Aat Ⅱ
0〜10	0〜10	37	N	−	CG⁺	Acc Ⅰ
75〜100	50〜75	50	Yª			Acs Ⅰ
50〜75	25〜50	50	N			Acy Ⅰ
75〜100	100	37	N			Afl Ⅲ
25〜50	0〜10	37	Y	+		Alu Ⅰ
100	10〜25	37	N			Alw44 Ⅰ
50〜75	0〜10	30	Y	−	dcm⁺, CG⁺	Apa Ⅰ
50〜75	75〜100	37	N			Asn Ⅰ
75〜100	75〜100	37	N			Asp Ⅰ
50〜75	0〜10	37	N			Asp700
25〜50	50〜75	37	N		dcm⁺	Asp718
25〜50	0〜10	37	Y			AspE Ⅰ
50〜75	50〜75	37	N			AspH Ⅰ
50〜75	10〜25	37	Y	−	CG⁺	Ava Ⅰ
100	10〜25	37	Y	+	dcm⁺, CG⁺	Ava Ⅱ
50〜75	100	37	N			Avi Ⅱ
100	25〜50	37	N	−		BamH Ⅰ
50〜75	25〜50	37	Y			Ban Ⅱ
75〜100	25〜50	37	N			BbrP Ⅰ
100	100	50	N		dam⁺	Bcl Ⅰ
100	25〜50	37	Y			Bfr Ⅰ
25〜50	100	37	Y	+		Bgl Ⅰ
100	100	37	N	+		Bgl Ⅱ
25〜50	100	37	N	−		Bln Ⅰ
25〜50	0〜10	37	N			Bmy Ⅰ
25〜50	50〜75	37	N			BpuA Ⅰ
50〜75	25〜50	55	N			BseA Ⅰ
75〜100	100	55	Yª		CG⁺	BsiW Ⅰ
100	25〜50	55	N			BsiY Ⅰ

制限酵素の性質②

酵素名	認識配列[*1]	各反応液での相対活性（％）(ユニバーサルバッファー)[*2] A	B	L
Bsm I	GAATGCN↓N	0〜10	50〜75	0〜10
BspLU11 I	A↓CATGT	100	100	25〜50
BssH II	G↓CGCGC	100	100	75〜100
Bst1107 I	GTA↓TAC	25〜50	50〜75	0〜10
BstE II	G↓GTNACC	75〜100	100	25〜50
BstX I	CCA(N)₅↓NTGG	10〜25	100	0〜10
Cel II	GC↓TNAGC	25〜50	50〜75	25〜50
Cfo I	GCG↓C	75〜100	50〜75	100
Cfr10 I	(A,G)↓CCGG(T,C)	25〜50	100	0〜10
Cla I	AT↓CGAT	100	100	75〜100
Dde I	C↓TNAG	50〜75	75〜100	25〜50
Dpn I	GA↓TC	100	75〜100	50〜75
Dra I	TTT↓AAA	100	75〜100	100
Dra II	(A,G)G↓GNCC(T,C)	100	50〜75	100
Dra III	CACNNN↓GTG	50〜75	75〜100	50〜75
Dsa I	C↓C(A,G)(C,T)GG	0〜10	10〜25	0〜10
Eae I	(T,C)↓GGCC(A,G)	100	25〜50	75〜100
EclX I	C↓GGCCG	25〜50	100	25〜50
Eco47 III	AGC↓GCT	25〜50	50〜75	0〜10
EcoR I	G↓AATTC	100	100	25〜50
EcoR II	↓CC(A,T)GG	50〜75	75〜100	0〜25
EcoR V	GAT↓ATC	25〜50	100	0〜10
Fok I	GGATG(N)₉/₁₃	100	50〜75	75〜100
Hae II	(A,G)GCGC↓(T,C)	100	50〜75	25〜50
Hae III	GG↓CC	50〜75	50〜75	75〜100
Hind II	GT(T,C)↓(A,G)AC	100	100	25〜50
Hind III	A↓AGCTT	50〜75	100	25〜50
Hinf I	G↓ANTC	100	100	50〜75
Hpa I	GTT↓AAC	100	25〜50	25〜50
Hpa II	C↓CGG	50〜75	25〜50	100

*1〜5：274ページ参照

各反応液での相対活性(%)(ユニバーサルバッファー)*2		反応温度*3	失活*4		メチル化*5の感受性	酵素名
M	H	(℃)	熱	エタノール		
25～50	100	65	N			BsmⅠ
50～75	100	48	N			BspLU11Ⅰ
100	75～100	50	N	−	CG⁺	BssHⅡ
25～50	100	37	N		CG⁺	Bst1107Ⅰ
50～75	50～75	60	N			BstEⅡ
10～25	100	45	N	−		BstXⅠ
25～50	100	37	N			CelⅡ
50～75	25～50	37	N			CfoⅠ
25～50	25～50	37	N	+	CG⁺	Cfr10Ⅰ
100	100	37	N	−	CG⁺, dam⁺	ClaⅠ
25～50	100	37	N			DdeⅠ
75～100	75～100	37	N			DpnⅠ
100	50～75	37	Y	−		DraⅠ
50～75	0～10	37	Y		dcm⁺	DraⅡ
75～100	100	37	N			DraⅢ
10～25	100	55	N			DsaⅠ
50～75	10～25	37	Y	−	CG⁺, dam⁺	EaeⅠ
25～50	50～75	37	N			EclXⅠ
25～50	100	37	Y		CG⁺	Eco47Ⅲ
50～75	100	37	N			EcoRⅠ
50～75	100	37	Y		dcm⁺	EcoRⅡ
25～50	50～75	37	N	+		EcoRⅤ
100	25～50	37	Y	+		FokⅠ
50～75	10～25	37	N	−	CG⁺	HaeⅡ
100	25～50	37	N	−		HaeⅢ
100	50～75	37	Y			HindⅡ
100	50～75	37	Y	−		HindⅢ
75～100	100	37	N	−		HinfⅠ
50～75	25～50	37	N	−	CG⁺	HpaⅠ
50～75	10～25	37	Y		CG⁺	HpaⅡ

制限酵素の性質③

酵素名	認識配列[*1]	各反応液での相対活性 (%)(ユニバーサルバッファー)[*2]		
		A	B	L
Ita I	GC↓NGC	0〜10	25〜50	0〜10
Kpn I [†]	GGTAC↓C	75〜100	10〜25	100
Ksp I	CCGC↓GG	0〜10	0〜10	100
Ksp632 I	CTCTTC(N)$_{1/4}$	100	0〜10	25〜50
Mae I [‡]	C↓TAG	25〜50	25〜50	0〜10
Mae II [‡]	A↓CGT	0〜10	25〜50	0〜10
Mae III [‡]	↓GTNAC	0〜10	10〜25	0〜10
Mam I	GATNN↓NNATC	75〜100	75〜100	75〜100
Mlu I	A↓CGCGT	10〜25	25〜50	0〜10
MluN I	TGG↓CCA	100	0〜10	10〜25
Mro I	T↓CCGGA	100	0〜10	50〜75
Msp I	C↓CGG	100	100	100
Mun I	C↓AATTG	50〜75	0〜10	100
Mva I	CC↓(A,T)GG	100	50〜75	25〜50
Mvn I	CG↓CG	50〜75	0〜10	50〜75
Nae I	GCC↓GGC	100	0〜10	100
Nar I	GG↓CGCC	100	75〜100	75〜100
Nco I	C↓CATGG	50〜75	50〜75	50〜75
Nde I	CA↓TATG	25〜50	75〜100	10〜25
Nde II [‡]	↓GATC	10〜25	10〜25	0〜10
Nhe I	G↓CTAGC	100	25〜50	100
Not I	GC↓GGCCGC	10〜25	50〜75	0〜10
Nru I	TCG↓CGA	10〜25	100	0〜10
Nsi I	ATGCA↓T	50〜75	100	10〜25
Nsp I	(A,G)CATG↓(T,C)	25〜50	50〜75	75〜100
PinA I	A↓CCGGT	100	100	10〜25
Psp1406 I	AA↓CGTT	100	100	100
Pst I	CTGCA↓G	25〜50	25〜50	10〜25
Pvu I	CGAT↓CG	50〜75	75〜100	25〜50
Pvu II	CAG↓CTG	25〜50	25〜50	25〜50

*1〜5：274ページ参照

各反応液での相対活性(%)(ユニバーサルバッファー)[*2]		反応温度[*3] (℃)	失活[*4] 熱	エタノール	メチル化[*5]の感受性	酵素名
M	H					
0〜10	100	37	Y			Ita I
25〜50	0〜10	37	N	−		Kpn I [†]
0〜10	0〜10	37	N			Ksp I
25〜50	0〜10	37	N			Ksp632 I
0〜10	10〜25	45	N			Mae I [‡]
25〜50	75〜100	50	N		CG+	Mae II [‡]
0〜10	10〜25	55	N			Mae III [‡]
75〜100	100	37	Y		dam+	Mam I
10〜25	100	37	N	−	CG+	Mlu I
10〜25	0〜10	37	Y			MluN I
50〜75	0〜10	37	N			Mro I
100	50〜75	37	Y	+		Msp I
100	10〜25	37	N	+		Mun I
25〜50	100	37	N	+		Mva I
100	10〜25	37	N			Mvn I
0〜10	0〜10	37	Y	−	CG+	Nae I
50〜75	0〜10	37	Y		CG+	Nar I
50〜75	100	37	Y	+		Nco I
50〜75	100	37	Y	−		Nde I
0〜10	10〜25	37	N		dam+	Nde II [‡]
100	10〜25	37	Y	−	CG+	Nhe I
25〜50	100	37	Y	+		Not I
10〜25	75〜100	37	Y	+	dam+, CG+	Nru I
50〜75	100	37	Y			Nsi I
100	0〜10	37	N			Nsp I
50〜75	50〜75	37	Y			PinA I
10〜25	0〜10	37	Y	+	CG+	Psp1406 I
25〜50	100	37	N	−		Pst I
50〜75	100	37	N	−	CG+	Pvu I
100	25〜50	37	N	+	CG+	Pvu II

[†] BSAを 1 mg/mlに加える
[‡] 単独使用の場合は専用バッファーを使う

制限酵素の性質④

酵素名	認識配列[*1]	各反応液での相対活性（％）(ユニバーサルバッファー)[*2]		
		A	B	L
Rca I	T↓CATGA	75〜100	100	25〜50
Rsa I	GT↓AC	100	50〜75	100
Rsr II	CG↓G(A,T)CCG	75〜100	10〜25	100
Sac I	GAGCT↓C	100	0〜10	100
Sal I	G↓TCGAC	0〜10	25〜50	0〜10
Sau3A I	↓GATC	100	25〜50	25〜50
Sau96 I	G↓GNCC	100	50〜75	25〜50
Sca I	AGT↓ACT	0〜10	100	0〜10
ScrF I	CC↓NGG	10〜25	100	10〜25
SexA I	A↓CC(A,T)GGT	100	100	50〜75
Sfi I	GGCC(N)₄↓NGGCC	25〜50	25〜50	75〜100
Sfu I	TT↓CGAA	25〜50	50〜75	10〜25
SgrA I	C(A,G)↓CCGG(T,C)G	100	0〜10	100
Sma I	CCC↓GGG	100	0〜10	0〜10
SnaB I	TAC↓GTA	75〜100	25〜50	100
Spe I	A↓CTAGT	75〜100	75〜100	75〜100
Sph I	GCATG↓C	50〜75	75〜100	25〜50
Ssp I	AAT↓ATT	75〜100	75〜100	10〜25
SspB I	T↓GTACA	100	100	10〜25
Stu I	AGG↓CCT	100	100	100
Sty I	C↓C(A,T)(A,T)GG	50〜75	100	10〜25
Swa I	ATTT↓AAAT	0〜10	10〜25	0〜10
Taq I	T↓CGA	50〜75	100	25〜50
Tru9 I	T↓TAA	100	25〜50	100
Van91 I	CCA(N)₄↓NTGG	25〜50	100	0〜10
Xba I	T↓CTAGA	100	75〜100	75〜100
Xho I	C↓TCGAG	25〜50	75〜100	10〜25
Xho II	(A,G)↓GATC(T,C)	50〜75	25〜50	100
XmaC I	C↓CCGGG	50〜75	0〜10	100

[*1]〜[*5]：274ページ参照

| 各反応液での相対活性(%)(ユニバーサルバッファー)[*2] | | 反応温度[*3] (℃) | 失活[*4] 熱 | エタノール | メチル化[*5]の感受性 | 酵素名 |
M	H					
50～75	25～50	37	Y			Rca I
50～75	0～10	37	Y		CG⁺	Rsa I
75～100	0～10	37	N		CG⁺	Rsr II
50～75	0～10	37	Y	−		Sac I
10～25	100	37	Y	−	CG⁺	Sal I
75～100	0～10	37	N	−	CG⁺	Sau3A I
25～50	25～50	37	N		dcm⁺, CG⁺	Sau96 I
75～100	100	37	N	−		Sca I
10～25	50～75	37	Y		dcm⁺	ScrF I
50～75	25～50	37	Y		dcm⁺	SexA I
100	25～50	50	N	+		Sfi I
25～50	100	37	N			Sfu I
10～25	0～10	37	N			SgrA I
0～10	0～10	25	Y	+	CG⁺	Sma I
100	10～25	37	N	−	CG⁺	SnaB I
100	100	37	Y	−		Spe I
100	75～100	37	Y	−		Sph I
75～100	100	37	Y			Ssp I
50～75	10～25	37	Yᵇ			SspB I
75～100	50～75	37	Y	+	dcm⁺	Stu I
75～100	100	37	Y			Sty I
0～10	100	25	N	+		Swa I
50～75	50～75	65	N	+	dam⁺	Taq I
100	25～50	65	N			Tru9 I
25～50	0～10	37	Y	+		Van91 I
75～100	100	37	N	+	dam⁺	Xba I
25～50	100	37	N	−	CG⁺	Xho I
75～100	0～10	37	N			Xho II
75～100	0～10	37	N			XmaC I

Data21, *1〜5の解説

*1:5′→3′の方向に配列を示した. ↓は切断部位を示す
*2:バッファーの組成は下表のとおり

試薬	終濃度 (mM)				
	A	B	L	M	H
Tris酢酸	33				
Tris-HCl		10	10	10	50
酢酸マグネシウム	10				
$MgCl_2$		5	10	10	10
酢酸カリウム	66				
NaCl		100		50	100
1,4-Dithioerythritol (DTE)			1	1	1
1,4-Dithiothreitol (DTT)	0.5				
2-メルカプトエタノール		1			
pH	7.9	8.0	7.5	7.5	7.5

*3:至適温度を示す
*4:Y:65℃, 15分間の加熱で失活する
　　Y^a:75℃, 60分間の加熱で失活する
　　Y^b:75℃, 15分間の加熱で失活する
　　N:熱では失活しない
　　−:エタノール沈殿により失活する
　　＋:エタノール沈殿により失活しない
*5:dcm^+:酵素活性がdcmメチル化により阻止される
　　dam^+:酵素活性がdamメチル化により阻止される
　　CG^+:真核生物のメチル化により阻止される

memo

Data 22
利用可能な主なメチラーゼ

Alu I メチラーゼ	A[G]CT	*Cla* I メチラーゼ	ATCG[A]T
*Bam*H I メチラーゼ	GGATC[C]	*Hap* II メチラーゼ	C[C]GG
dam メチラーゼ	G[A]TC	*Msp* I メチラーゼ	[C]CGG
*Eco*R I メチラーゼ	G[A]ATTC	*Taq* I メチラーゼ	TCG[A]
Hae III メチラーゼ	GG[C]C	CpGメチラーゼ（M.Sss I）	[C]G
Hha I メチラーゼ	G[C]GC	ヒトDNA（シトシン5）	
Hind III メチラーゼ	[A]AGCTT	メチル転移酵素（Dnmt1）	[C]G

☐ で囲った塩基がメチル化される．配列は5′→3′の方向で示した

Data 23
主なDNAポリメラーゼの特性と用途

	DNA ポリメラーゼI	クレノー フラグメント	T4 DNA ポリメラーゼ
DNAポリメラーゼ 活性	+	+	+
エキソヌクレアーゼ 活性 　5′→3′ 　3′→5′	 + ++	 − ++	 − +++
RNaseH活性	+	−	−
ニックトランス レーション活性	+	−	−
下流DNAの除去*	−	++	−
dNTPに対する Km値（μM）	1〜2	2	2
至適温度（℃）	37	37	37
至適pH（25℃で）	7.4	8.4	8〜9
熱失活条件	75℃, 20分	75℃, 20分	75℃, 20分
用途	・ニックトランス 　レーション ・cDNAの2nd 　鎖合成	・シークエンシング ・二本鎖DNA末端の 　平滑化 ・ランダムプライマー 　によるDNA標識 ・cDNAの2nd鎖合成	・DNA末端の 　平滑化 ・3'端の標識 ・mutagenesis 　の2nd鎖合成

＊酵素が進行方向にある鎖を鋳型からdisplaceする活性

T7 DNA ポリメラーゼ	Taq DNA ポリメラーゼ	M-MuLV 逆転写酵素	
+	+	+	DNAポリメラーゼ活性
			エキソヌクレアーゼ活性
−	+	−	5′→3′
+++	−	−	3′→5′
−	ND	+	RNaseH活性
−	+	−	ニックトランスレーション活性
−	−	+++	下流DNAの除去*
18	13	18	dNTPに対するKm値（μM）
37	75	37〜42	至適温度（℃）
8〜9	8.8	8.3	至適pH（25℃で）
75℃, 20分	失活しない	75℃, 20分	熱失活条件
・mutagenesisの2nd鎖合成 ・3'端の標識鎖合成	・PCRプライマー伸長反応 ・端の平滑化	・ssRNA, ssDNAからのcDNA合成	用途

第3章 基本となるDNA実験

Data 24
主なDNAポリメラーゼの反応液組成

	DNAポリメラーゼⅠ クレノーフラグメント[*2]	T4 DNA ポリメラーゼ	Taq DNA ポリメラーゼ
反応液[*1]	Tris-HCl (pH7.8) 50mM MgCl$_2$　　　　10mM DTT　　　　　0.1mM dNTP　　20〜50μM	Tris-HCl (pH7.9) 10mM NaCl　　　　　50mM MgCl$_2$　　　　10mM DTT　　　　　　1mM BSA　　　　0.1mg/ml dNTP　　20〜50μM	Tris-HCl (pH8.3) 10mM KCl　　　　　50mM MgCl$_2$　　　　1.5mM dNTP　0.2〜0.3mM

	M-MuLV 逆転写酵素	ターミナルトランス フェラーゼ (TdT) [*3]
反応液[*1]	Tris-HCl (pH8.3) 50mM KCl　　　　　75mM DTT　　　　　10mM MgCl$_2$　　　　3mM dNTP　0.2〜0.5mM	Tris-HCl (pH7.9) 20mM 酢酸カリウム　　50mM 酢酸マグネシウム 10mM DTT　　　　　　1mM BSA　　　　0.1mg/ml

＊1：いずれの酵素も激しく撹拌しないこと
＊2：強い撹拌により失活しやすく，高濃度用いると凝集する
＊3：鋳型非依存的に3′端にデオキシヌクレオチドを重合させる活性をもつ．DNAの3′端標識やホモポリマー付加に用いる

Data 25
主なヌクレアーゼの反応条件

①DNase I

Tris-HCl (pH7.5)	50 mM
$MgSO_4$	10 mM
DTT	1 mM

②S1ヌクレアーゼ

酢酸ナトリウム (pH4.6)	30 mM
NaCl	280 mM
$ZnSO_4$	1 mM

③Bal31ヌクレアーゼ

Tris-HCl (pH8.0)	20 mM
NaCl	60 mM
$CaCl_2$	12 mM
$MgCl_2$	12 mM
EDTA	0.2 mM

④Mung Beanヌクレアーゼ

酢酸ナトリウム (pH4.5)	30 mM
NaCl	50 mM
$ZnCl_2$	1 mM
グリセロール	5 %

⑤エキソヌクレアーゼⅢ

Tris-HCl (pH8.0)	50 mM
$MgCl_2$	5 mM
2-メルカプトエタノール	10 mM

⑥エキソヌクレアーゼⅠ

グリシン-KOH (pH9.5)	67 mM
$MgCl_2$	6.7 mM
2-メルカプトエタノール	10 mM

⑦ラムダエキソヌクレアーゼ

グリシン-KOH (pH9.4)	67 mM
$MgCl_2$	2.5 mM
BSA	0.05 mg/ml

⑧RNase H[*1]

Tris-HCl (pH7.8)	20 mM
KCl	50 mM
$MgCl_2$	10 mM
DTT	1 mM

⑨マイクロコッカルヌクレアーゼ[*2]

Tris-HCl (pH8.0)	20 mM
NaCl	5 mM
$CaCl_2$	2.5 mM

*1：DNA-RNAハイブリッド中のRNAを分解するエンドヌクレアーゼ

*2：ssDNA, dsDNA, ssRNAを基質にするエンドヌクレアーゼ
　　クロマチンの消化に用いる

Data 26
主なヌクレアーゼの特性と用途

	S1 ヌクレアーゼ	Mung Bean ヌクレアーゼ	BAL31 ヌクレアーゼ
反応特異性	エンドヌクレアーゼ ssDNA, ssRNA	エンドヌクレアーゼ ssDNA, ssRNA	エンドヌクレアーゼ ssDNA′ エキソヌクレアーゼ 5′→3′, 3′→5′ dsDNA
最終生成物	5′-Pモノヌクレオチド 5′-Pオリゴヌクレオチド	5′-Pモノヌクレオチド 5′-Pオリゴヌクレオチド	5′-Pモノヌクレオチド
至適pH	4.5	5.0	8.1
金属イオン	Zn^{2+}	Zn^{2+}	Ca^{2+}, Mg^{2+}
反応温度	37℃	30℃	30℃
熱失活	ND	ND	ND
用途	・DNA-DNA, DNA-RNAハイブリッド中の一本鎖部分の除去 ・二本鎖DNA末端の平滑化 ・S1マッピング	・S1マッピング ・二本鎖DNA末端の平滑化[*1] ・S1ヌクレアーゼより切り口がそろう	・DNA断片の欠失体の作製[*2]

ND：データなし（ただし，比較的熱に安定）
*1：S1ヌクレアーゼと違いニックの反対側を切らない
*2：100 bp以上の場合．それ以下ではエキソヌクレアーゼⅢとS1ヌクレアーゼを組み合わせる

エキソヌクレアーゼ I	エキソヌクレアーゼ III	DNase I	ラムダエキソヌクレアーゼ
エキソヌクレアーゼ $3'→5'$ ssDNA	エキソヌクレアーゼ $3'→5'$ dsDNA	エンドヌクレアーゼ ssDNA, dsDNA	エキソヌクレアーゼ $5'→3'$ dsDNA
5'-Pモノヌクレオチド	ssDNA 5'-Pモノヌクレオチド	5'-Pオリゴヌクレオチド	ssDNA 5'-Pモノヌクレオチド
9.5	8.0	7.0	9.4
Mg^{2+}	Mg^{2+}	$Ca^{2+}, Mg^{2+}, Mn^{2+}$	Mg^{2+}
37℃	37℃	37℃	37℃
80℃, 15分	70℃, 20分	75℃, 10分	75℃, 10分
・ssDNAの除去 ・PCR反応物中のプライマーの分解	・S1やMung Beanヌクレアーゼの併用による欠失体作製 ・DNA部分分解による、一本鎖部分の作製 ・DNA結合タンパク質の位置の解析	・DNA除去一般 ・DNA pol I と共にニックトランスレーション ・DNase I フットプリント解析	・3'エキソヌクレアーゼ活性は強く、ニックやギャップからは反応を開始しない ・DNAの一方からの分解による一本鎖部分の作製

Data 27
アクリルアミドゲル濃度とDNAの分離能（未変性ゲルの場合）

アクリルアミド濃度（%）*	DNAサイズ（bp）	XCの移動度（bp）	BPBの移動度（bp）
3.5	1,000〜2,000	500	150
5	80〜500	260	65
8	60〜400	160	45
12	40〜200	70	20
15	25〜150	60	15
20	6〜100	45	12

＊アクリルアミド：ビスアクリルアミド＝29：1
XC：0.25％キシレンシアノールFF
BPB：0.25％ブロモフェノールブルー

memo

Data 28
低分子用DNAサイズマーカー*

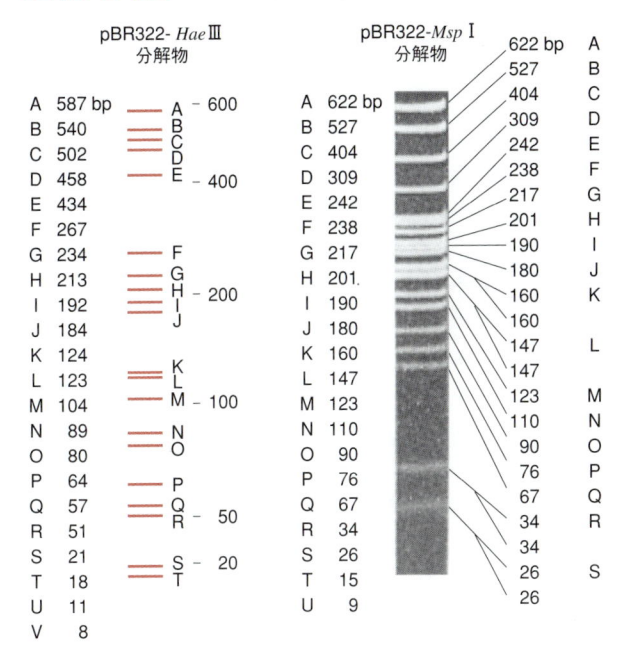

pBR322-*Hae*III 分解物

	bp	
A	587	– 600
B	540	
C	502	
D	458	
E	434	– 400
F	267	
G	234	
H	213	
I	192	– 200
J	184	
K	124	
L	123	
M	104	– 100
N	89	
O	80	
P	64	
Q	57	– 50
R	51	
S	21	
T	18	– 20
U	11	
V	8	

pBR322-*Msp*I 分解物

	bp			bp	
A	622		622	bp	A
B	527		527		B
C	404		404		C
D	309		309		D
E	242		242		E
F	238		238		F
G	217		217		G
H	201		201		H
I	190		190		I
J	180		180		J
K	160		160		K
L	147		160		
M	123		147		L
N	110		147		
O	90		123		M
P	76		110		N
Q	67		90		O
R	34		76		P
S	26		67		Q
T	15		34		R
U	9		34		
			26		S
			26		

*pBR322を使用して自作できる．この他各社より種々のサイズマーカーが入手可能

Data 29
変性ゲルにおける色素マーカーの移動度

アクリルアミド濃度（%）	XC (nt)	BPB (nt)
5	130	35
6	75	26
8	50	19
10	40	12
20	28	8

nt：ヌクレオチド

Data 30
アガロースゲルの分離能

アガロース* 濃度（%）	TAEバッファー		
	DNAの分離範囲	BPB	XC
0.3	5.0〜60.0	2.9	25.0
0.6	1.0〜23.0	1.3	15.0
0.8	0.8〜10.0	0.8	10.0
1.0	0.4〜 8.0	0.5	6.1
1.2	0.3〜 7.0	0.4	4.0
1.5	0.2〜 4.0	0.3	2.8
2.0	0.1〜 3.0	0.15	1.3

アガロース* 濃度（%）	TBEバッファー		
	DNAの分離範囲	BPB	XC
0.3	—	—	—
0.6	0.9〜18.0	1.1	9.3
0.8	0.53〜 8.8	0.65	8.0
1.0	0.3 〜 7.0	0.4	4.1
1.2	0.23〜 4.5	0.3	2.6
1.5	0.15〜 3.5	0.2	1.8
2.0	0.08〜 2.5	0.07	0.85

*SeaKem GTGアガロースの場合
単位はkbp

Data 31
種々のアガロースの用途

	SeaKem GTG [①]	SeaKem Gold [②]	NuSieve GTG [③]	SeaPlaque GTG [④]
1 kb以下のフラグメントの分離			◎	
1 kb以上のフラグメントの分離	◎	◎		◎
2〜6 Mbのフラグメントの分離		◎		
高ゲル強度		◎		
低濃度ゲル		◎		
ブロッティング	◎	◎	◎	◎
サンプル回収	◎	◎	◎	◎
In-Gel反応 ─ 制限酵素処理			◎	◎
└ ライゲーション			◎	◎
染色体DNA調整				
パルスフィールド電気泳動	○	◎		◎
低融点アガロース			◎	◎

各アガロースの分離範囲：①＝0.5〜20kb，②＝0.5〜10kb，③＝10bp〜1 kb，④＝0.5〜20kb
Cambrex社の製品：TaKaRaから入手可

第3章 基本となるDNA実験

Data 32
高分子用DNAサイズマーカー*

	λ-*Hind*Ⅲ 分解物	λ-*Eco*T14Ⅰ 分解物	λ-*Bst*PⅠ 分解物	pHY マーカー	φX174-*Hae*Ⅲ 分解物	φX174-*Hinc*Ⅱ 分解物
A	23,130	19,329	8,453	4,870	1,353	1,057
B	9,416	7,743	7,242	2,016	1,078	770
C	6,557	6,223	6,369	1,360	872	612
D	4,361	4,254	5,687	1,107	603	495
E	2,322	3,472	4,822	926	310	392
F	2,027	2,690	4,324	658	281	345
G	564	1,882	3,675	489	271	341
H	125	1,489	2,323	267	234	335
I		1,929	194	297		
J		421	1,371		118	291
K		74	1,264		72	210
L			702			162
M			224			79
N			117			

*この他各社より種々のサイズマーカーが入手可能

Data 33
ローターの特性

ローター タイプ	型式	最高回転数 (rpm)	最大g値 (kg)	k値	チューブ (本数×ml)
水平 ローター	SW 65 Ti	65,000	421	46	3×5
	SW 60 Ti	60,000	485	45	6×4.4
	SW 55 Ti	55,000	368	48	6×5
	SW 41 Ti	41,000	288	124	6×13.2
	SW 40 Ti	40,000	285	137	6×14
	SW 28 Ti	28,000	141	245	6×38.5
	SW 28.1	28,000	150	276	6×17
固定角 ローター	type 100	100,000	802	15	8×6.5
	type 70 Ti	70,000	504	44	8×38.5
	type 50.2 Ti	50,000	302	69	12×38.5
	type 45Ti	45,000	235	133	6×94
	type 28	28,000	94	393	8×40
垂直 ローター	Vti 90	90,000	645	6	6×5.1
	Vti 65.1	65,000	402	13	8×13.5
	Vti 50	50,000	242	36	8×39
近垂直 ローター	NVT 90	90,000	645	10	6×5.1
	NVT 65	65,000	402	21	8×13.5

ここにあげたローターはすべてチタン製
ベックマン・コールター社のローターについて示す

Data 34
塩化セシウム溶液のパラメーター

分子量：168.37

CsCl濃度			密度（25℃）	
％(w/w)	グラム濃度(g/l)	モル濃度(M)	(g/ml)	屈折率（25℃）
0	—	—	0.997	1.3326
5	51.83	0.308	1.037	1.3364
10	107.88	0.641	1.079	1.3405
15	168.7	1.002	1.124	1.3450
20	234.8	1.395	1.174	1.3498
25	306.9	1.823	1.227	1.3550
30	385.7	2.291	1.286	1.3607
35	472.4	2.806	1.350	1.3670
40	567.8	3.372	1.420	1.3736
45	673.6	4.001	1.497	1.3807
50	791.3	4.700	1.582	1.3886
55	922.8	5.481	1.678	1.3973
60	1070.8	6.360	1.785	1.4072
65	1238.4	7.355	1.905	1.4183

memo

Data 35
ヒト細胞中の核酸含量など

項目	細胞当り
全DNA	6 pg
全RNA*	10〜30 pg
核内の全RNA	全体の14%
ゲノムサイズ	$3×10^9$塩基対(1倍体)
遺伝子数	$2〜2.5×10^4$
mRNAの平均サイズ	1,900塩基

血球細胞の1 m*l* 当りの個数
赤血球:$5×10^9$,白血球:$4〜7×10^6$,血小板 $3〜4×10^8$

*rRNA:80〜85%,tRNA:15〜20%,mRNA:1〜5%

Data 36
組織培養用抗生物質

抗生物質	濃度	グラム陽性菌	グラム陰性菌	マイコプラズマ	酵母	カビ	37℃での安定性(日)
アンピシリン	100 U/m*l*	+	+	−	−	−	3
アンフォテリシンB	0.25〜25μg/m*l*	−	−	−	+	+	3
カベニシリン	100 U/m*l*	+	+	−	−	−	3
シプロフロキサシン	10μg/m*l*			+			5
BM-サイクリン	10μg/m*l*	+	+	+	−	−	3
エリスロマイシン	100μg/m*l*	+	+	+	−	−	3
ゲンタマイシン	5〜50μg/m*l*	+	+	+	+	−	3
カナマイシン	100μg/m*l*	+	+	+/−	−	−	3
リンコマイシン	50μg/m*l*	+	−	+	−	−	4
ネオマイシン	50μg/m*l*	+	+	−	−	−	5
ニスタチン	100 U/m*l*	−	−	−	+	+	3
ペニシリンG	50〜100 U/m*l*	+	−	−	−	−	3
ポリミキシンB	100 U/m*l*	−	+	−	−	−	5
ストレプトマイシン	50〜100μg/m*l*	+	+	+	−	−	5

+:有効 −:無効

Data 37
培養器の容量

	培地容量	トリプシン添加量	有効培養面積
ディッシュ			
35 mm	2.5〜3.0 ml	0.2〜0.3 ml	11.78 cm^2
60 mm	6.0〜7.0 ml	0.5〜0.6 ml	21.29 cm^2
100 mm	16.0〜17.5 ml	1.0 ml	58.95 cm^2
150 mm	45.0〜50.0 ml	1.5 ml	156.36 cm^2
マルチウェルプレート（ウェル当たり）			
6ウェルプレート	2.5〜3.0 ml	0.20〜0.30 ml	9.60 cm^2
12ウェルプレート	1.5〜2.2 ml	0.10〜0.20 ml	3.80 cm^2
24ウェルプレート	0.8〜1.0 ml	0.08〜0.10 ml	2.00 cm^2
48ウェルプレート	0.5〜0.8 ml	0.05〜0.08 ml	0.75 cm^2
96ウェルプレート	0.1〜0.2 ml	0.01〜0.02 ml	0.32 cm^2
フラスコ*			
T-12.5	4.0〜5.0 ml	0.25〜0.40 ml	12.5 cm^2
T-25	8.0〜9.0 ml	0.50〜0.80 ml	25 cm^2
T-75	20〜30 ml	1.0 ml	75 cm^2
T-150	40〜50 ml	2.0 ml	150 cm^2
T-175	45〜55 ml	2.0 ml	175 cm^2
T-225	60〜100 ml	3.0 ml	225 cm^2
T-300	150〜400 ml	4.0 ml	300 cm^2

＊BD Biosciences社の製品（ファルコン）の例
細胞濃度はおよそ $1 \times 10^5/cm^2$（3T3，CHOの場合）

Data 38
よく使われる株化細胞

	名称	由来
ヒト	HeLa	子宮頸部がん
	HL60	骨髄性白血病
	MCF7	乳がん
	Jurkat	T細胞白血病
	K562	慢性骨髄性白血病
	U937	組織球性白血病
	HEK293	胎児腎
	HepG2	肝がん
	HT29	大腸がん
	caco2	大腸がん
	A549	肺がん
	Raji	バーキットリンパ腫
	MOLT4	急性T細胞白血病
	SH-SY5Y	神経芽腫
	NSCLC	非小細胞肺がん
	WI38	胎児肺
マウス	L	CH3マウス皮下組織
	NIH3T3	NTH Swissマウス胎仔
	3T3L1	Swiss 3T3
	F9	EC細胞
	J774	マクロファージ
	C2C12	筋組織
	Swiss3T3	Swissマウス胎仔
ラット	PC12	副腎髄質褐色細胞腫
	Rat-1	結合組織
ハムスター	CHO	チャイニーズハムスター卵巣
サル	Vero	アフリカミドリザル腎
	CV1	アフリカミドリザル腎
	Cos1	CV1
イヌ	MDCK	腎臓
昆虫	Sf9	ガ幼虫の卵巣
トリ	DT40	ニワトリB細胞白血病

Data ㊴
RNAのOD測定

RNA濃度	RNAの純度
$1A_{260}$（ssRNA）＝40 μg/ml	純粋なRNA：$A_{260}/A_{280} \geq 2.0$
・水で測定した場合．バッファーによっては変化する ・ODが0.1〜1.0の範囲で測定するようにする	・薄い塩溶液中（例：10mMTris-HClバッファー）で測定する ・2.0より低い場合，タンパク質や芳香族化合物の混入を疑う

Data ㊵
分子量, 重量, モル数, 塩基数の換算

RNAの分子量

　リボヌクレオチド平均分子量＝340（Da）
　ssRNAの分子量＝塩基数×340（Da）

μgからpmolへ

$$\text{pmolのssRNA} = \mu g\,(\text{ssRNA}) \times \frac{10^6 pg}{1\mu g} \times \frac{1 pmol}{340 pg} \times \frac{1}{N_b}$$

$$= \frac{\mu g\,(\text{ssRNA}) \times 2{,}941}{N_b\,(\text{塩基数})}$$

（例：1 μgの100塩基長のssRNA＝29.4pmol）

pmolからμgへ

$$\mu g\text{のssRNA} = \text{pmol}\,(\text{ssRNA}) \times \frac{340 pg}{1 pmol} \times \frac{1 \mu g}{10^6 pg} \times N_b$$

$$= \text{pmol}\,(\text{ssRNA}) \times N_b \times 3.4 \times 10^{-4}$$

（例：1pmolの250塩基長のssRNA＝0.085μg）

Data 41
rRNA の大きさ

生物種	RNAの種類	長さ(bases)	分子量(kDa)
大腸菌	tRNA	75	26
	5S rRNA	120	41
	16S rRNA	1,541	523
	23S rRNA	2,904	987
ショウジョウバエ	18S rRNA	1,976	672
	28S rRNA	3,898	1.3×10^3
マウス	18S rRNA	1,869	635
	28S rRNA	4,712	1.6×10^3
ヒト	18S rRNA	1,868	635
	28S rRNA	5,025	1.7×10^3

Data 42
逆転写酵素の特性

逆転写酵素	逆転写鎖長	温度(反応・プライマーアニール)	金属イオン要求性	RNase H活性	必要酵素量(単位)
ウイルス					
M-MuL V	~10kb	37℃	Mg^{2+}	＋	40
AMV	~12kb	42~60℃	Mg^{2+}	＋＋	40
細菌					
C.therm[*1]	4kbまで	55~70℃	Mg^{2+}	－	6
*Bca*BEST[*2]	7kbまで	65℃	Mg^{2+}	－	10
Tth[*3]	1kbまで	60~70℃	Mn^{2+}	－	4

[*1]：*Carboxydothermus hydrogenoformans*
[*2]：TaKaRaの製品：*Bacillus caldotenax*
[*3]：*Thermus thermophilus*

Data 43
遺伝コード（普遍コードを示す）

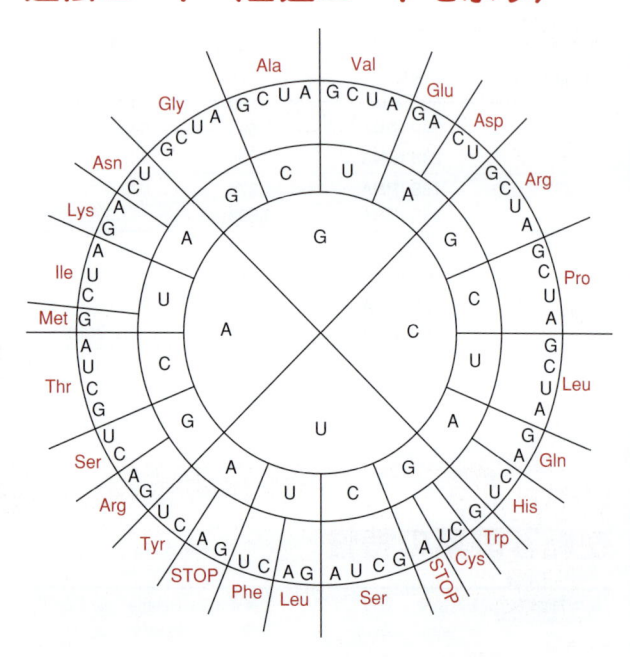

内側から外側へ順に，コドンの1文字目，2文字目，3文字目と読んでいく

Data 44
機能性コドンとミトコンドリアのコドン

A) 機能性コドン

	開始コドン	停止コドン
普遍コード	AUG（Metもコードする）	UAG（アンバー） UAA（オーカー） UGA（オパール）
真核生物	AUG（Metもコードする） CUG, ACG, GUG （まれに開始コドンとなる）	UAG UAA UGA
細菌	AUG, GUG, UUG（まれ）	UAG UAA UGA
ミトコンドリア	AUA（Metもコードする） AUG	AGA AGG （共に動物）

B) ミトコンドリアのコドン

	UGA	AUA	CUN	AG(A or G)	CGG
普遍コード	停止	Ile	Leu	Arg	Arg
ミトコンドリア					
ほ乳類	Trp	Met/開始		停止	
ショウジョウバエ	Trp	Met/開始		停止	
原生動物	Trp				
植物					Trp
出芽酵母	Trp	Met/開始	Thr		

Data 45
アミノ酸データ

アミノ酸	性質	略語	MW(Da)	側鎖
アラニン		A-Ala	89	$-CH_3$
アルギニン	B	R-Arg	174	$-(CH_2)_3-NH-CNH-NH_2$
アスパラギン	#	N-Asn	132	$-CH_2-CONH_2$
アスパラギン酸	A	D-Asp	133	$-CH_2-COOH$
システイン	#	C-Cys	121	$-CH_2-SH$
グルタミン	#	Q-Gln	146	$-CH_2-CH_2-CONH_2$
グルタミン酸	A	E-Glu	147	$-CH_2-CH_2-COOH$
グリシン		G-Gly	75	$-H$
ヒスチジン	B	H-His	155	$-C_3-N_2H_3$
イソロイシン		I-Ile	131	$-CH(CH_3)-CH_2-CH_3$
ロイシン		L-Lue	131	$-CH_2-CH(CH_3)_2$
リジン	B	K-Lys	146	$-(CH_2)_4-NH_2$
メチオニン	#	M-Met	149	$-CH_2-CH_2-S-CH_3$
フェニルアラニン		F-Phe	165	$-CH_2-C_6H_5$
プロリン		P-Pro	115	$-C_3H_6$
セリン	#	S-Ser	105	$-CH_2-OH$
スレオニン	#	T-Thr	119	$-CH(CH_3)-OH$
トリプトファン		W-Trp	204	$-C_8NH_6$
チロシン	#	Y-Tyr	181	$-CH_2-C_6H_4-OH$
バリン		V-Val	117	$-CH-(CH_3)_2$
			110*	

B:塩基性,A:酸性,#:側鎖が極性をもち荷電のないもの
*:タンパク質中での平均分子量

遺伝コード						アミノ酸
GCU	GCC	GCA	GCG			アラニン
CGU	CGC	CGA	CGG	AGA	AGG	アルギニン
AUU	AAC					アスパラギン
GAU	GAU					アスパラギン酸
UGU	UGC					システイン
CAA	CAG					グルタミン
GAA	GAG					グルタミン酸
GGU	GGC	GGA	GGG			グリシン
CAU	CAC					ヒスチジン
AUU	AUC	AUA				イソロイシン
CUU	CUC	CUA	CUG	UUA	UUG	ロイシン
AAA	AAG					リジン
AUG						メチオニン
UUU	UUC					フェニルアラニン
CCU	CCC	CCA	CCG			プロリン
UCU	UCC	UCA	UCG	AGU	AGC	セリン
ACU	ACC	ACA	ACG			スレオニン
UGG						トリプトファン
UAU	UAC					チロシン
GUU	GUC	GUA	GUG			バリン

Data 46
タンパク質の分子量とDNA長

タンパク質の分子量	100pmolの重量	DNA長
10kDa	1μg	270bp
30kDa	3μg	810bp
100kDa	10μg	2,700bp

1kb DNA → 333 アミノ酸 → 37kDa タンパク質

memo

Data 47
タンパク質の吸光度と濃度の関係

A) 吸光度からの濃度概算法

① $1OD_{280} ≒ 1mg/ml$（B参照）
　（例：BSA 0.75mg/ml，IgG 1.35mg/ml）

② $1OD_{205} ≒ 0.03mg/ml$

③ $1.55 × OD_{280} − 0.76 × OD_{260} =$ 濃度（mg/ml）

④ $187 × OD_{230} − 81.7 × OD_{260} =$ 濃度（μg/ml）

⑤ $OD_{205} ÷ (27 + \dfrac{OD_{280}}{OD_{205}}) =$ 濃度（mg/ml）

B) 核酸の混在と吸光度

濃度（mg/ml）＝ OD_{280} × Factor

OD_{280}/OD_{260}	核酸（％）*	Factor	OD_{280}/OD_{260}	核酸（％）*	Factor
1.75	0	1.118	1.60	0.30	1.078
1.50	0.56	1.047	1.40	0.87	1.011
1.30	1.26	0.969	1.25	1.49	0.946
1.20	1.75	0.921	1.15	2.05	0.893
1.10	2.4	0.863	1.05	2.8	0.831
1.00	3.3	0.794	0.96	3.7	0.763
0.92	4.3	0.728	0.90	4.6	0.710
0.88	4.9	0.691	0.86	5.2	0.671
0.84	5.6	0.650	0.82	6.1	0.628
0.80	6.6	0.605	0.78	7.1	0.581
0.76	7.8	0.555	0.74	8.5	0.528
0.72	9.3	0.500	0.70	10.3	0.470
0.68	11.4	0.438	0.66	12.8	0.404
0.64	14.5	0.368	0.62	16.6	0.330
0.60	19.2	0.289			

＊混合する核酸の割合

Data 48
主なプロテアーゼインヒビター

	分子量（Da）	溶液の濃度	使用濃度
アプロチニン （Aprotinin, Trasyrol）	6,500	10mg/ml in 10mM HEPES-KOH （pH8.0）	2 μg/ml
ロイペプチン （Leupeptin）	426.6	10mg/ml in H_2O	2 μg/ml
ペプスタチン A （Pepstatin A）	685.9	1 mg/ml in エタノール	2 μg/ml
PMSF （phenylmethylsulfonyl fluoride）	174.2	10mM in 2-プロパノール	1 mM
p-PMSF （para-amidinophenyl) methanesulfonyl fluoride）	216.2	10mM in H_2O	0.02mM
アンチパイン （Antipain）	604.7	1 mg/ml in H_2O	2 μg/ml
キモスタチン （chymostatin）	607.7	10mM in DMSO	50 μM
ベンザミジン （benzamidine）	174.6 （塩酸塩 1水和物）	100mM in H_2O	5 mM

EDTAは金属プロテアーゼ（カルボキシペプチダーゼ，コラゲナーゼなど）を阻害する．

セリンプロテアーゼ：トリプシン，キモトリプシン，プラスミン，トロンビンなど．

標的プロテアーゼ	摘要	
システインプロテアーゼ	使用バッファー中で急速に失活するので、使用直前に加える．以下すべて同じ	アプロチニン (Aprotinin, Trasyrol)
システインプロテアーゼ セリンプロテアーゼ		ロイペプチン (Leupeptin)
アスパラギン酸プロテアーゼ		ペプスタチン A (Pepstatin A)
セリンプロテアーゼ	水に溶けにくい．取扱いに注意（神経毒性）	PMSF (phenylmethylsulfonul fluoride)
セリンプロテアーゼ	PMSFの水溶性を上げたもの	p-PMSF (para-amidinophenyl) methanesulfonyl fluoride
システインプロテアーゼ セリンプロテアーゼ（トリプシン）		アンチパイン (Antipain)
セリンプロテアーゼ（キモトリプシン） カテプシン、カルシウム依存プロテアーゼ、パパイン		キモスタチン (chymostatin)
セリンプロテアーゼ		ベンザミジン (benzamidine)

システインプロテアーゼ：パパイン，カルパイン，カテプシンなどで，E-64もこれを阻害する．

アスパラギン酸プロテアーゼ：ペプシン，カテプシンD，レニン，キモシン（レンニン）など

Data 49
主な界面活性剤

界面活性剤のタイプ	分子量(Da)	限界ミセル濃度(mM)	ミセル[*3]分子量(Da)
陰イオン性			
SDS (Sodium dodecylsulfate)	288	8.3	18,000
DOC (デオキシコール酸) Na	415	1〜4	4,200
両イオン性			
CHAPS [3-〔(3-Cholamidopropyl)dimethylammonio〕-1-propanesulfonate]	615	4	6,150
非イオン性[*1]			
NP-40	602	0.25	90,000
TritonX-100	628	0.2	90,000
Tween20	1228	0.06	—
Tween80	1310	0.012	76,000
Brij58	1120	0.077	82,000
n-Octyl β-D-glucoside	292.4	14.5	8,000

*1:化合物の正式名称は『バイオ試薬調製ポケットマニュアル』p.47参照.
*2:大きいほど親水性
*3:ミセル＝会合体

親水疎水比[*2]	会合数	適用
40	62	タンパク質の変性・可溶化 PAGEに加える
16	10	膜タンパク質の可溶化
—	10	膜タンパク質の可溶化
13.1	149	タンパク質可溶化. 1〜10mMで使用（以下同様）
13.5	140	PAGEにも用いる
16.7	—	ELISAやウエスタン法
15.8	60	
15.7	70	
—	27	46mMで使用 マイルド. 除去が容易

Data 50
硫酸アンモニウム濃度

	温度（℃）				
	0	10	20	25	30
溶液1,000g中のモル数	5.35	5.35	5.73	5.82	5.91
パーセント濃度（w/w）	41.42	42.22	43.09	43.47	43.85
1 l の水に対する必要量（g）	706.8	730.5	755.8	766.8	777.5
溶液1 l 中の硫安量（g）	514.7	525.1	536.1	541.2	545.9
モル濃度（M）	3.90	3.97	4.06	4.10	4.13
比重（g/cm^3）	1.2428	1.2436	1.2447	1.2450	1.2449

memo

Data 51
0 ℃における種々の濃度の硫安溶液の作製

硫安の初濃度(%)	硫安の最終濃度(%) 100gに加える固体硫安の量(g)																
	20	25	30	35	40	45	50	55	60	65	70	75	80	85	90	95	100
0	10.7	13.6	16.6	19.7	22.9	26.2	29.5	33.1	36.6	40.4	44.2	48.3	52.3	56.7	61.1	65.9	70.7
5	8.0	10.9	13.9	16.8	20.0	23.2	26.6	30.0	33.6	37.3	41.1	45.0	49.1	53.3	57.8	62.4	67.1
10	5.4	8.2	11.1	14.1	17.1	20.3	23.6	27.0	30.5	34.2	37.9	41.8	45.8	50.0	54.4	58.9	63.6
15	2.6	5.5	8.3	11.3	14.3	17.4	20.7	24.0	27.5	31.0	34.8	38.6	42.6	46.6	51.0	55.5	60.0
20	0	2.7	5.6	8.4	11.5	14.5	17.7	21.0	24.4	28.0	31.6	35.4	39.2	43.3	47.6	51.9	56.5
25		0	2.7	5.7	8.5	11.7	14.8	18.2	21.4	24.8	28.4	32.1	36.0	40.1	44.2	48.5	52.9
30			0	2.8	5.7	8.7	11.9	15.0	18.4	21.7	25.3	28.9	32.8	36.7	40.8	45.1	49.5
35				0	2.8	5.8	8.8	12.0	15.3	18.7	22.1	25.8	29.5	33.4	37.4	41.6	45.9
40					0	2.9	5.9	9.0	12.2	15.5	19.0	22.5	26.2	30.0	34.0	38.1	42.4
45						0	2.9	6.0	9.1	12.5	15.8	19.3	22.9	26.7	30.6	34.7	38.8
50							0	3.0	6.1	9.3	12.7	16.1	19.7	23.3	27.2	31.2	35.3
55								0	3.0	6.2	9.4	12.9	16.3	20.0	23.8	27.7	31.7
60									0	3.1	6.3	9.8	13.1	16.6	20.4	24.2	28.3
65										0	3.1	6.4	9.8	13.4	17.0	20.8	24.7
70											0	3.2	6.6	10.0	13.6	17.3	21.2
75												0	3.2	6.7	10.2	13.9	17.6
80													0	3.3	6.8	10.4	14.1
85														0	3.4	6.9	10.6
90															0	3.4	7.1
95																0	3.5
100																	0

0 ℃における値を示す．濃度は 0 ℃における飽和濃度を100％としたときの値を示す

Data 52
ゲルろ過担体の種類とその性能[*1]

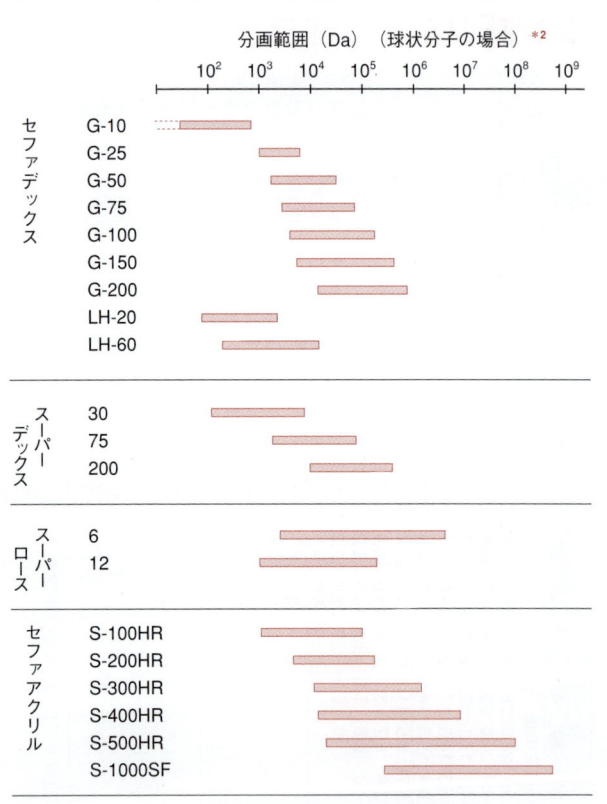

分画範囲(Da) (球状分子の場合)[*2]

担体グループ	種類	分画範囲
セファデックス	G-10	~10^2–10^3
	G-25	~10^3
	G-50	~10^3–10^4
	G-75	~10^3–10^4
	G-100	~10^4–10^5
	G-150	~10^4–10^5
	G-200	~10^4–10^5
	LH-20	~10^2–10^3
	LH-60	~10^3
スーパーデックス	30	~10^2–10^3
	75	~10^3–10^5
	200	~10^4–10^6
スーパーロース	6	~10^3–10^6
	12	~10^3–10^5
セファアクリル	S-100HR	~10^3–10^5
	S-200HR	~10^4–10^5
	S-300HR	~10^4–10^6
	S-400HR	~10^4–10^6
	S-500HR	~10^4–10^7
	S-1000SF	~10^5–10^8

[*1]: GEヘルスケア バイオサイエンス社の製品の場合
この他Bio-Rad Laboratories社からもゲルろ過担体が発売されている
[*2]: 線状分子はこの30%の値になる

Data 53
SDS-PAGE で直線的に分離できるタンパク質のサイズ

(kDa)
分離できるタンパク質のサイズ

- 上限
- 下限

ゲル濃度 (%)

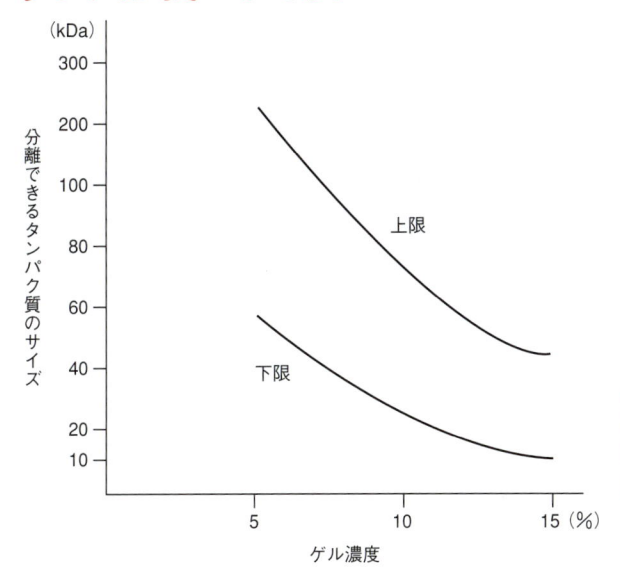

Data 54
SDS-PAGE用マーカータンパク質

マーカータンパク質	分子量（kDa）
ミオシン重鎖（ウサギ）	205
β-ガラクトシダーゼ（大腸菌）	116
ホスホリラーゼb（ウサギ）	97.4
フルクトース6-リン酸キナーゼ（ウサギ）	85.2
ウシ血清アルブミン	66.2
グルタミン酸脱水素酵素（ウシ）	55.6
アルドラーゼ（ウサギ）	39.2
トリオースリン酸イソメラーゼ（ウサギ）	26.6
トリプシンインヒビター（ニワトリ）	28.0
トリプシンインヒビター（大豆）	20.1
リゾチーム（ニワトリ）	14.3
チトクロムC（ウマ）	12.5
アプロチニン	6.5
インスリンB鎖	3.4

Data 55
抗体とプロテイン A/G/L との結合

生物	抗体	プロテインA	プロテインG	プロテインL
ヒト	IgG1	++	++	++
	IgG2	++	++	++
	IgG3	−	++	++
	IgG4	++	++	++
	IgM	+	−	++
	IgA	+	−	++
	IgE	−	−	++
	IgD	−	−	++
	Fab	+	+	++
	F(ab)2	+	+	++
	κ light chain	−	−	++
	scFv	+	−	++
マウス	IgG1	+	++	++
	IgG2a	++	++	++
	IgG2b	++	++	++
	IgG3	−	+	++
	IgM	+		++
ラット	IgG1	−	+	++
	IgG2a	−	++	++
	IgG2b	−	+	++
	IgG2c	+	++	++
ウサギ	IgG	++	++	+
ウマ	IgG	+	++	−
ブタ	IgG	++	++	++
ヒツジ	IgG1	−	++	−
	IgG2	++	++	−
ヤギ	IgG	++	++	−
ニワトリ	IgY	−	−	++
ウシ	IgG1	−	++	−
	IgG2	++	++	−

++ =強く結合
+ =弱く結合
− =結合せず

Data 56
大腸菌において稀なコドンの真核生物での使用頻度*

	AGG アルギニン	AGA アルギニン	CGA アルギニン	CUA ロイシン	AUA イソロイシン	CCC プロリン
大腸菌	1.4	2.1	3.1	3.2	4.1	4.3
ヒト	11.0	11.3	6.1	6.5	6.9	20.3
ショウジョウバエ	4.7	5.7	7.6	7.2	8.3	18.6
センチュウ	3.8	15.6	11.5	7.9	9.8	4.3
出芽酵母	21.3	9.3	3.0	13.4	17.8	6.8
シロイヌナズナ	10.9	18.4	6.0	9.8	12.6	5.2

＊1,000個のコドン中での出現個数として表した

Data 57
組換えタンパク質に使用されるタグ

	タンパク質	アミノ酸残基数
長いタグ	グルタチオン-S-トランスフェラーゼ（GST）	220
	マルトース結合タンパク質（MBP）	367
	グリーン蛍光タンパク質（GFP）	約250
	チオレドキシン（TRX）	約110
	インテイン（chitin-binding）	約200
短いタグ	6×His	6
	HA（YPYDVPDYA）	9
	FLAG（DYKDDDDK）	8
	Myc（EQKLISEEDL）	10

Data 58
培地1 l を作るのに必要な成分

培地	tryptone	yeast extract	NaCl	その他の添加物
Lambda broth	10g	—	2.5g	
tryptone broth	10g	—	5g	
YT medium	8g	5g	5g	
2XYT medium	16g	10g	5g	
LB medium	10g	5g	10g	
Super broth	33g	20g	7.5g	
Terrific broth[*1]	12g	24g	—	0.17M KH_2PO_4 +0.72M K_2PO_4[*2] 100ml, 100%グリセロール 4ml
NZCYM medium	—	5g	5g	NZアミン10g, $MgSO_4$・$7H_2O$ 2g カザミノ酸1g
NZYM medium	(NZCYMからカザミノ酸を除いたもの)			
NZM medium	(NZYMからyeast extractを除いたもの)			
SOB medium	20g	5g	0.5g	0.186g KCl, 2M $MgCl_2$ 5ml[*2]
SOC medium	(SOBにフィルター滅菌した1Mグルコース20mlを加えたもの)			
M9 medium[*3] (M9最少培地)	5×M9塩類[*4] 200ml, 滅菌水 780ml, 滅菌した1M $CaCl_2$ 0.1ml, 1M $MgSO_4$ 0.1ml, 20%グルコース 20ml[*5]を無菌的に混合			

* 1 : 900mlに溶かし, オートクレーブ後添加物を加える
* 2 : オートクレーブ後に加える
* 3 : プレートを作る場合は, 5×M9 塩類と水に寒天を加えてオートクレーブし, 冷えてから, ほかのものを加える. チアミン(ビタミンB_1)を1μg/ml 加えると増殖が良くなる. グリセロールを用いる場合は20%溶液を10ml とする. 必要に応じて, 栄養素を添加する. 純度の高い水を使用した場合には, Mg^{2+}, Ca^{2+}を加えることもある
* 4 : 1lの水にNa_2HPO_4・$7H_2O$ 64g, KH_2PO_4 15g, NaCl 2.5g, NH_4Cl 5.0gを溶かし, オートクレーブする
* 5 : フィルター滅菌する (グルコース MW=180)

Data 59
汎用プラスミドの構造

*MCS：マルチクローニングサイト

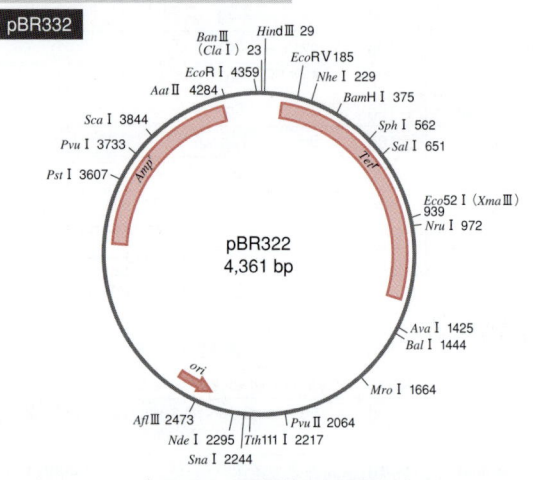

pBR332

pBR322 4,361 bp

- BanⅢ (ClaⅠ) 23
- HindⅢ 29
- EcoRV 185
- NheⅠ 229
- BamHⅠ 375
- SphⅠ 562
- SalⅠ 651
- Eco52Ⅰ(XmaⅢ) 939
- NruⅠ 972
- AvaⅠ 1425
- BalⅠ 1444
- MroⅠ 1664
- PvuⅡ 2064
- Tth111Ⅰ 2217
- SnaⅠ 2244
- NdeⅠ 2295
- AflⅢ 2473
- PstⅠ 3607
- PvuⅠ 3733
- ScaⅠ 3844
- AatⅡ 4284
- EcoRⅠ 4359

(Amp', Tet', ori)

（DNAを1カ所切断する制限酵素）

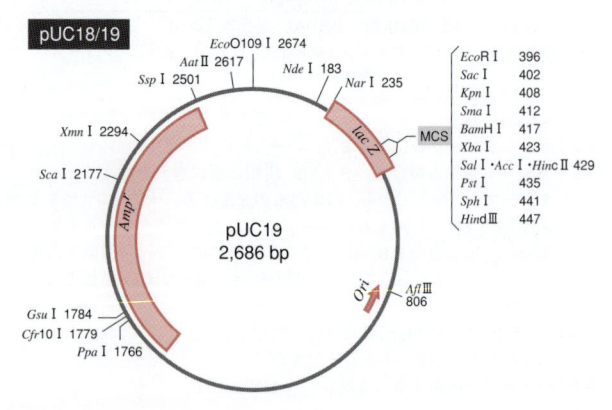

pUC18/19

pUC19 2,686 bp

- EcoO109Ⅰ 2674
- AatⅡ 2617
- SspⅠ 2501
- XmnⅠ 2294
- ScaⅠ 2177
- GsuⅠ 1784
- Cfr10Ⅰ 1779
- PpaⅠ 1766
- AflⅢ 806
- NdeⅠ 183
- NarⅠ 235

MCS:
- EcoRⅠ 396
- SacⅠ 402
- KpnⅠ 408
- SmaⅠ 412
- BamHⅠ 417
- XbaⅠ 423
- SalⅠ・AccⅠ・HincⅡ 429
- PstⅠ 435
- SphⅠ 441
- HindⅢ 447

(Amp', lacZ, Ori)

pGEM-3Zf (+/−)

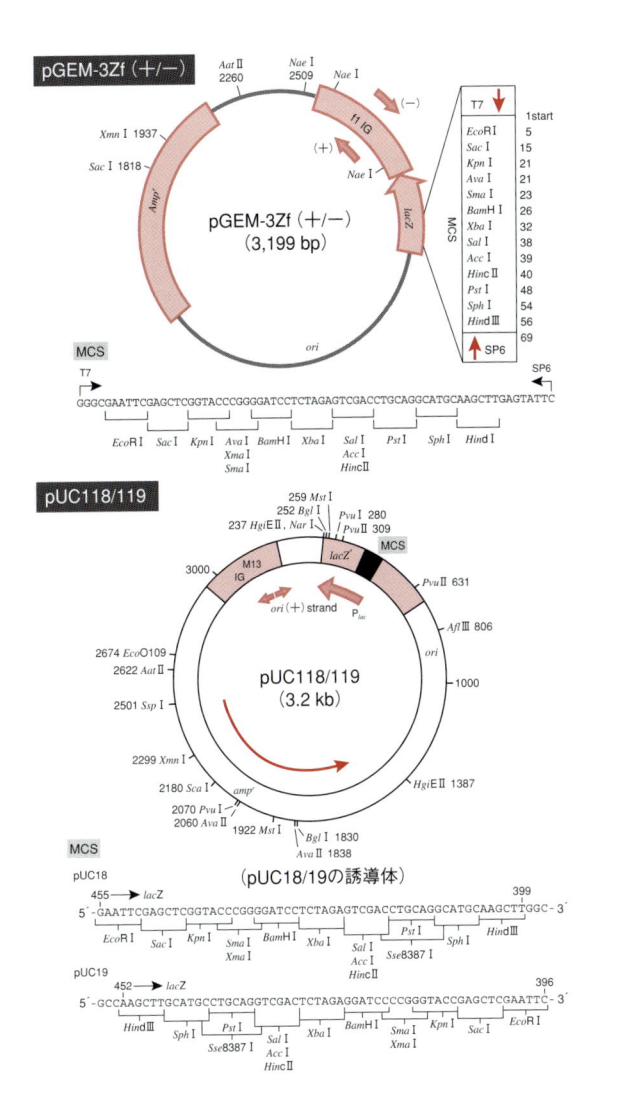

pGEM-3Zf (+/−) (3,199 bp)

Aat II 2260, Nae I 2509, Nae I, Nae I, Xmn I 1937, Sac I 1818, Amp^r, f1 IG (−), (+), lacZ, ori, MCS

MCS	
T7	1start
EcoR I	5
Sac I	15
Kpn I	21
Ava I	21
Sma I	23
BamH I	26
Xba I	32
Sal I	38
Acc I	39
HincII	40
Pst I	48
Sph I	54
HindIII	56
SP6	69

MCS

T7 → GGGCGAATTCGAGCTCGGTACCCGGGGATCCTCTAGAGTCGACCTGCAGGCATGCAAGCTTGAGTATTC ← SP6

EcoR I, Sac I, Kpn I, Ava I/Xma I/Sma I, BamH I, Xba I, Sal I/Acc I/HincII, Pst I, Sph I, Hind I

pUC118/119

pUC118/119 (3.2 kb)

259 Mst I, 252 Bgl I, 237 HgiEII, Nar I, Pvu I 280, Pvu II 309, MCS, lacZ, M13 IG, ori(+) strand, P_lac, Pvu II 631, AflIII 806, ori, 1000, HgiEII 1387, Bgl I 1830, AvaII 1838, 1922 Mst I, 2060 AvaII, 2070 Pvu II, amp^r, 2180 Sca I, 2299 Xmn I, 2501 Ssp I, 2622 Aat II, 2674 EcoO109, 3000

(pUC18/19の誘導体)

MCS

pUC18
455 ← lacZ   399
5′-GAATTCGAGCTCGGTACCCGGGGATCCTCTAGAGTCGACCTGCAGGCATGCAAGCTTGGC-3′
EcoR I, Sac I, Kpn I, Ava I/Xma I/Sma I, BamH I, Xba I, Sal I/Acc I/HincII, Pst I/Sse8387 I, Sph I, HindIII

pUC19
452 ← lacZ   396
5′-GCCAAGCTTGCATGCCTGCAGGTCGACTCTAGAGGATCCCCGGGTACCGAGCTCGAATTC-3′
HindIII, Sph I, Pst I/Sse8387 I, Sal I/Acc I/HincII, Xba I, BamH I, Sma I/Xma I, Kpn I, Sac I, EcoR I

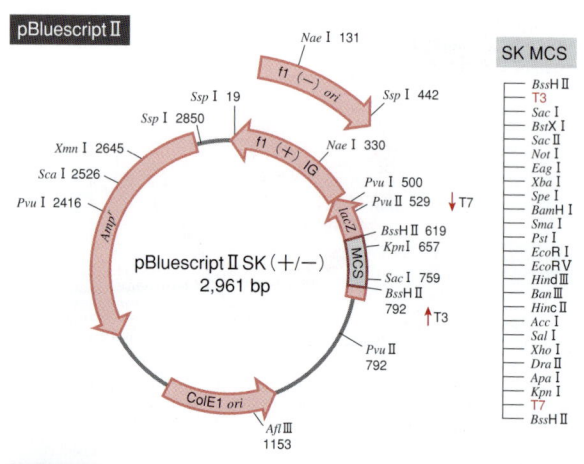

314　第7章　大腸菌，プラスミド，ファージに関する操作

pBluescript II

pBluescript II SK(+/−)
2,961 bp

- *Nae* I 131
- *Ssp* I 19
- *Ssp* I 2850
- *Ssp* I 442
- f1 (−) *ori*
- f1 (+) IG
- *Nae* I 330
- *Xmn* I 2645
- *Sca* I 2526
- *Pvu* I 2416
- *Amp*^{r}
- *Pvu* I 500
- *Pvu* II 529 ↓T7
- *lacZ*
- MCS
- *Bss*H II 619
- *Kpn* I 657
- *Sac* I 759
- *Bss*H II 792 ↑T3
- *Pvu* II 792
- ColE1 *ori*
- *Afl* III 1153

SK MCS
- *Bss*H II
- T3
- *Sac* I
- *Bst*X I
- *Sac* II
- *Not* I
- *Eag* I
- *Xba* I
- *Spe* I
- *Bam*H I
- *Sma* I
- *Pst* I
- *Eco*R I
- *Eco*R V
- *Hin*d III
- *Ban* III
- *Hin*c II
- *Acc* I
- *Sal* I
- *Xho* I
- *Dra* II
- *Apa* I
- *Kpn* I
- T7
- *Bss*H II

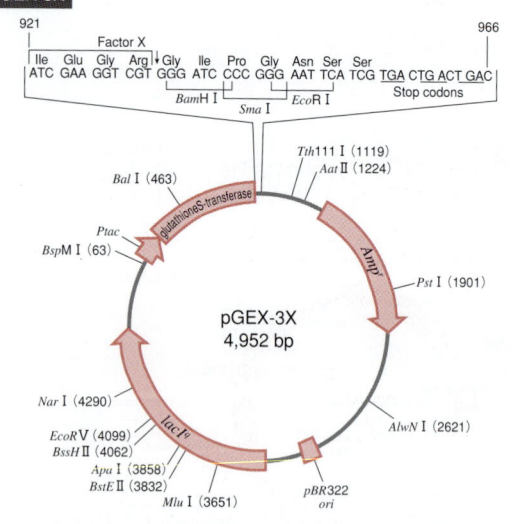

pGEX-3X

```
    921                                                              966
         Factor X
    Ile Glu Gly Arg↓Gly Ile Pro Gly Asn Ser Ser
    ATC GAA GGT CGT GGG ATC CCC GGG AAT TCA TCG TGA CTG ACT GAC
                    BamH I   Sma I    EcoR I      Stop codons
```

pGEX-3X
4,952 bp

- *Tth*111 I (1119)
- *Aat* II (1224)
- *Bal* I (463)
- glutathioneS-transferase
- *Ptac*
- *Bsp*M I (63)
- *Amp*^{r}
- *Pst* I (1901)
- *Nar* I (4290)
- *lacI*^{q}
- *AlwN* I (2621)
- *Eco*R V (4099)
- *Bss*H II (4062)
- *Apa* I (3858)
- *Bst*E II (3832)
- *Mlu* I (3651)
- pBR322 *ori*

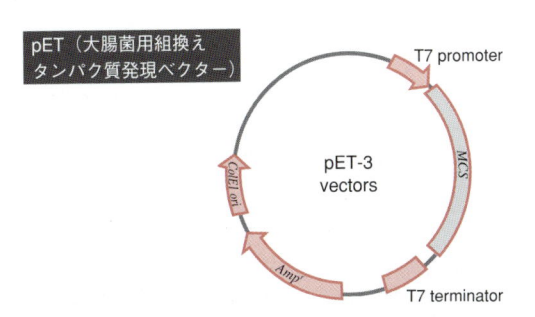

pET（大腸菌用組換えタンパク質発現ベクター）

```
pET-3a,11a   fMetAlaSerMetThrGlyGlyGlnGlnMetGlyArgGlySerGlyCysEND
             GAAGGAGATATACATATGGCTAGCATGACTGGTGGACAGCAAATGGGTCGCGGATCCGGCTGCTAA...
             RBS         NdeI, NheI*                              BamHI

pET-3b,11b   fMetAlaSerMetThrGlyGlyGlnGlnMetGlyArgAspProAlaAla...
             GAAGGAGATATACATATGGCTAGCATGACTGGTGGACAGCAAATGGGTCGGGATCCGGCTGCTAA...
             RBS         NdeI, NheI*                         BamHI

pET-3c,11c   fMetAlaSerMetThrGlyGlyGlnGlnMetGlyArgIleArgLeuLeu...
             GAAGGAGATATACATATGGCTAGCATGACTGGTGGACAGCAAATGGGTCGGATCCGGCTGCTAA...
             RBS         NdeI, NheI*                        BamHI

pET-3d,11d   fMetAlaSerMetThrGlyGlyGlnGlnMetGlyArgIleArgLeuLeu...
             GAAGGAGATATACCATGGCTAGCATGACTGGTGGACAGCAAATGGGTCGGATCCGGCTGCTAA...
             RBS         NcoI, NheI*                        BamHI
```

（*Nhe* I はユニークサイトではない）

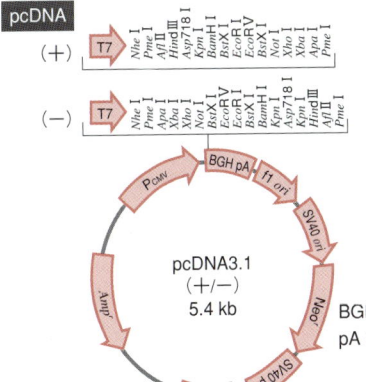

pcDNA

(+) T7 — NheI, PmeI, AflII, HindIII, Asp718I, KpnI, BamHI, BstXI, EcoRI, EcoRV, BstXI, NotI, XhoI, XbaI, ApaI, PmeI

(−) T7 — NheI, PmeI, ApaI, XbaI, XhoI, NotI, BstXI, EcoRV, EcoRI, BstXI, BamHI, Asp718I, KpnI, HindIII, AflII, PmeI

pcDNA3.1 (+/−) 5.4 kb

BGH：ウシ成長ホルモン
pA：ポリアデニレーションシグナル
Neo^r：ネオマイシン耐性遺伝子

Data 60
ファージ用大腸菌*

A) λファージベクター用

ベクター	よく使われる宿主菌	特徴
Charon 4A	LE392	$supE$ か $supF$ 菌であること
Charon 33/34	LE392	$recA^-$ 菌でも増殖可
λEMBL3/4	NM538	$supF$ $hsdR$ $trpR$ $lacY$,Spi選択可
λgt10	C600	$recA^-$ 菌も使用できる
λgtⅡ	Y1090r$^-$	$supF$菌であること(Sam^{100}をもつので),$lacZ^-$であること
λZAP	XL1-Blue	Y1090r$^-$菌に近い.F′をもつ

*基本的に$recA^+$菌が使用される

B) M13ベクター用

菌株	表現型	主な遺伝子型
JM101	—	$supE$ $\Delta(lac-proAB)$ $F'traD36$ $proAB^+$ $lacI^q$ $lacZ\Delta M15$
JM105	r_k^-	$supE$ $\Delta(lac-proAB)$ $hsdR4$ $F'traD36$ $proAB^+$ $lacI^q$ $lacZ\Delta M15$
JM109	r_k^-, rec^-	$supE$ $\Delta(lac-proAB)$ $hsdR17$ $recA1$ $F'traD36$ $proAB^+$ $lacI^q$ $lacZ\Delta M15$
JM110	r_k^-, dam^-	$supE$ $\Delta(lac-proAB)$ $hsdR17$ dam $F'traD36$ $proAB^+$ $lacI^q$ $lacZ\Delta M15$
TG2	r_k^-, r_m^-, rec^-	$supE$ $\Delta(lac-proAB)$ $hsd\Delta 5$ $\Delta(srl-recA)$ $306::Tn10$ (tet^r) $F'traD36$ $proAB^+$ $lacI^q$ $lacZ\Delta M15$
XL1-Blue	r_k^-, rec^-	$supE^+$ lac^- $hsdR17$ $recA1$ $F'traD36$ $proAB^+$ $lacI^q$ $lacZ\Delta M15$
MV1184 (主にファージミドの増殖に使われる)	rec^-	$\Delta(lac-proAB)$ $\Delta(srl-recA)$ $306::Tn10$ (tet^r) $(\phi 80\ lacZ\Delta M15)$ $F'traD36$ $proAB^+$ $lacI^q$ $lacZ\Delta M15$

index 和文

あ

アガロースゲル	284
アガロースゲル電気泳動	89
アクリルアミド	83, 181
アクリルアミドゲル	282
アクリル樹脂	18
アジ化ナトリウム	167
アセトン沈殿	172
アプロチニン	300
アボガドロ数	238
アミコン製品	173
アミノ酸	296
アルカリホスファターゼ	71
アルカリ溶解法	220
イソシゾマー	68
イソプロパノール沈殿	48
遺伝コード	294
遺伝子発現の解析	149
ウエスタンブロッティング	188
エキソヌクレアーゼ活性	276
液体シンチレーションカウンター	28
液体培地	200
エタノール	47
エタノールリンス	46
エタノール沈殿	46
エチジウムブロマイド	44, 100
エチルエーテル	53
エレクトロコンピテントセル	216
エレクトロブロッティング	118
エレクトロポレーション法	134
塩化セシウム	98
塩化セシウム溶液	288
塩基	256
塩酸グアニジン	193
遠心加速度	250
遠心濃縮機	51
塩析	171
オートクレーブ	24, 251
オリゴヌクレオチド除去	64

か

界面活性剤	302
核酸の吸光度	258
核酸標識法	122
核種	26
画線培養	204
株化細胞	291
カラーセレクション	202
ガラス粉末	58
還元剤	168
寒剤	23
寒天	200
キノリノール	55
逆転写酵素	156, 293
キャピラリーブロッティング	116
キャリアー	45
銀染色	186
グアニジン塩酸塩	168
組換えDNA	31

索 引

グラスパウダー …………… 92
グラスミルク ……………… 92
グラディエント …………… 181
グラディエントゲル ……… 181
クロロパン ………………… 56
形質転換 …………………… 212
血球計算板 ………………… 129
ケミカルコンピテントセル　213
ゲル ………………………… 181
ゲルの保存 ………………… 186
ゲルの溶解 ………………… 90
ゲルろ過 …………… 61, 174
ゲルろ過担体 ……………… 306
限外ろ過 …………………… 173
抗生物質 …………… 201, 289
酵母の培地 ………………… 228
固形培地 …………………… 200
コスミド …………………… 209
コドン ……………………… 295
コピー数 …………………… 208
コロニー …………………… 205
コロニーPCR ……………… 81
コンピテントセル ………… 213

さ

サイクルシークエンシング　106
サイバーグリーン254 …… 44
細胞の凍結 ………………… 130
細胞の融解 ………………… 130
サザンブロッティング …… 113
殺菌法 ……………………… 251
酸沈殿 ……………………… 173
シアリング ………………… 40
シークエンサー …………… 106

シークエンスゲル ………… 104
ジエチルピロカーボネート　137
紫外線ランプ ……………… 44
色素マーカー ……………… 284
ジゴキシゲニン …………… 161
実験器具 …………………… 16
実験道具 …………………… 16
実験用小物 ………………… 16
シャークティースコウム … 87
シャトルベクター ………… 209
修飾酵素 …………………… 70
純水 ………………………… 17
消毒 ………………………… 24
秤量 ………………………… 21
ショ糖密度勾配 …………… 95
シリコン処理 ……………… 87
垂直ローター ……………… 99
スター活性 ………………… 67
スナップバック反応 ……… 125
制限酵素 …………………… 66
制限酵素認識配列 ………… 259
制限酵素の性質 …………… 266
制限―修飾系 ……………… 66
精製水 ……………………… 17
セシウム TFA 法 ………… 142
セファデックス …………… 61
セミドライブロッティング　188
全細胞抽出液 ……………… 177
染色液 ……………………… 185
剪断 ………………………… 39
相補鎖 ……………………… 99
ソーキング ………………… 88
ゾーン密度勾配遠心分離法 … 93
注ぎ込み培養 ……………… 205

た

- 対数増殖期 … 203
- 大腸菌 … 195
- 大腸菌 DNA pol Ⅰ … 125
- 大腸菌の増殖 … 204
- 大腸菌の培養 … 203
- 大腸菌の保存 … 207
- ダイデオキシ法 … 101
- 耐熱性 DNA ポリメラーゼ … 76, 77
- ダイレクトサイクルシークエンシング … 101
- ダウンスホモジェナイザー … 177
- タグ … 310
- 脱色液 … 185
- タッチダウン PCR … 79
- 脱リン酸化 … 128
- タンパク質染色剤 … 185
- タンパク質の安定化 … 167
- タンパク質の可溶化 … 194
- タンパク質の吸光度 … 299
- タンパク質の定量 … 164
- タンパク質の導入 … 134
- タンパク質の濃縮 … 169
- チェレンコフ光 … 29
- 抽出液の調製 … 177
- 超遠心機用ローター … 93
- 超純水 … 17
- 沈降係数 … 94
- 沈降速度 … 93
- 低分子物質の除去 … 58
- デプリネーション … 116
- 透析 … 60, 174
- 透析チューブ … 60
- 透析チューブの前処理 … 60
- トランスファー装置 … 117
- トランスフェクション … 131
- トランスフェクション法 … 129
- トランスフォーメション … 212

な

- ナイロンメンブラン … 119
- ナトリウムバッファー … 246
- ニックトランスレーション … 125, 276
- ニトロセルロース … 118
- ニトロセルロースメンブラン … 120
- 尿素 … 168
- 尿素ゲル … 86
- 尿素除去 … 88
- ヌクレアーゼ … 279, 280
- ヌクレオシド … 256
- ヌクレオチド … 35, 256
- ヌクレオチドコード … 37
- ヌクレオチド除去 … 63
- 塗り広げ培養 … 205
- 濃縮用ゲル … 183
- 濃度 … 19
- ノザンブロッティング … 152

は

- 培養器 … 290
- バッファー … 20
- 半減期 … 252
- 比色法 … 164
- 比抵抗 … 17
- ヒトゲノム DNA … 238
- ファージの精製 … 235
- ファージの保存 … 233

ファージミド ……………… 209, 211
ファージ用大腸菌 ……………… 316
フェノール／クロロホルム … 56
ブタノール ……………………… 52
フッ素樹脂 ……………………… 18
浮遊密度 ………………………… 93
プラークアッセイ …………… 232
プライマーデザイン …………… 75
プラスミド ………………… 208, 312
プラスミドの増幅 …………… 211
プラスミド調製法 …………… 218
フラッシュ ……………………… 52
ブルーホワイトアッセイ …… 202
プレート培養法 ……………… 205
プローブ ……………………… 121
ブロッキング溶液 …………… 189
プロテアーゼインヒビター
 …………………………… 167, 300
プロテインA ………………… 309
プロテインAアガロース …… 191
プロテナーゼK ……………… 110
不和合性 ……………………… 208
分離 …………………………… 99
分離用ゲル …………………… 183
平衡密度勾配遠心分離法 …… 93
ペプスタチンA ……………… 300
ヘルパーファージ …………… 211
変性 …………………………… 39
変性ゲル ……………………… 86
変法SDS-フェノール法 …… 140
ボイルプレップ ……………… 221
放射線防護 …………………… 29
防腐剤 ………………………… 167
ポッター型ホモジナイザー 143
ホットスタート ………………… 79
ホモジナイザー ………… 112, 176
ポリ(A)$^+$RNA ……………… 147
ポリアクリルアミド
 ゲル電気泳動 ………………… 82
ポリエチレン …………………… 18
ポリエチレングリコール …… 49
ポリカーボネート ……………… 18
ポリスチレン …………………… 18
ポリプロピレン ………………… 18
ホルムアミド …………………… 38
ホルムアルデヒド …………… 150

ま

マーカータンパク質 … 184, 308
マーマー（Marmur）法 …… 57
マクサムミギルバート法 …… 101
マスタープレート …………… 205
水のグレード ………………… 16
水の電離 ……………………… 242
ミニプレップ ………………… 219
メスアップ …………………… 20
メチラーゼ …………………… 275
メチル化感受性 ………………… 66
免疫沈降法 …………………… 190
モータードライブ …………… 143
モル濃度 ……………………… 19

や

ユニバーサルバッファー …… 68
溶液 …………………………… 19
溶原化 ………………………… 226
ヨウ化ナトリウム ……………… 92

ら

- ライセート（溶解液） …… 226
- ラジオアイソトープ …… 26
- ラベルする …… 27
- ランダムプライマー法 …… 123
- リアルタイム PCR …… 158
- リポフェクション法 …… 133
- 硫酸アンモニウム濃度 …… 304
- 硫安沈殿 …… 171
- 硫安分画 …… 171
- 硫安溶液 …… 305
- リン酸カリウムバッファー …… 246
- リン酸カルシウム法 …… 132
- リン酸ナトリウムバッファー …… 247
- ロイペプチン …… 300
- ローター …… 287

わ

- ワーリングブレンダー …… 176

index 欧文

A〜C

- α 型酵素 …… 76
- α 線 …… 27
- AGPC（Acid-Guanidium-Phenol-Chloroform）法 …… 141
- APS …… 83
- β-ガラクトシダーゼ …… 209
- β 線 …… 27
- BAC …… 209
- BCA 法 …… 163
- Bicinchoninate 法 …… 163
- BL21 …… 197
- Bradford 法 …… 163
- CBB …… 185
- CBB 染色 …… 185
- Charon 系ベクター …… 226
- CIA …… 57
- CIAA …… 141
- ColE1 …… 208
- contamination …… 200

D

- DEAE セルロース …… 62
- degenerate（縮重）プライマー …… 76
- DEPC …… 137
- DNA …… 35
- DNase I …… 125
- DNase-free RNaseA …… 110
- DNA サイズマーカー …… 283, 286
- DNA シークエンシング …… 101
- DNA のアルカリ変性 …… 102
- DNA の安定性 …… 39
- DNA の純度 …… 43
- DNA の性質 …… 39
- DNA の抽出 …… 109

DNA の輸送	42
DNA ハンドリング	41
DNA ポリメラーゼ	276
DNA ポリメラーゼ I クレノーフラグメント	278
DNA メチラーゼ	67
DNA リガーゼ	73
DNA 精製法	58
dsDNA	257

F〜K

F	208
γ線	27
GM サーベイメーター	28
GTC	141
HBS	132
HB101	197
HEPES-NaOH バッファー	248
His タグ	194
in situ ハイブリダイゼーション	159
in vitro パッケージング	226
in vitro 転写用ベクター	160
IPTG	202
IPTG 誘導	194
JM109	197
K12 株	195

L

λファージ	226
λファージベクター	226
λ *EMB*L3	228
λ ZAP	228
LacZ	209
LE392	197
Lowry 法	163

M〜O

M13mp18	231
M13 ファージ	228
M-MuL V	278
MOPS-KOH バッファー	248
MOPS バッファー	150
Mung Bean ヌクレアーゼ	70
nested プライマー	76
Oligo-dT ラテックス	147

P

PAGE	82
pBluescript II	210
pBR322	210
PCR による標識	124
PCR 後の処理	63
PEG	234
PEG 混合液	50
PEG 沈殿	49
pET	210
pH	20
pH メーター	20
pH 指示薬	22, 249
pH 標準液	243
PMSF	300
PNK	72
pol I 型酵素	76
pUC118/119	210
PVDF 膜	188

R

R	208

RACE法	158	SSC	116
recA	198	ssDNA	257
RI	252		
RIの減衰率	254	**T**	
RNAのOD	292	T4ポリヌクレオチド	
RNAの扱い	135	キナーゼ	72
RNAの検出	149	T4 DNAポリメラーゼ	126, 278
RNAの抽出法	138	T4 PNK	128
RNAの電気泳動法	151	T7 DNAポリメラーゼ	277
RNAプローブ	159	TAEバッファー	90
RNA分解酵素	135	TAクローニング	81
RNase	135	TBEバッファー	83
RNaseH	276	TCA沈殿	173
RNaseT1	155	TdT	124, 278
RNaseインヒビター	137	TE	41
RNaseの不活化	136	TEMED	83
RNaseプロテクション	154, 159	Tm	38
RNeasy	143	TNM	112
rRNA	293	Tris-HClバッファー	245
RT-PCR	156	Tris-フェノール	55
		TRIzol Reagent	143
S		tryptone	200
S値	94		
SDS-PAGE	307	**U〜Y**	
SDS-フェノール法	139	UVクロスリンカー	117
SDSサンプルバッファー	184	UV法	162
SDS-PAGE	181	X-gal	202
SMバッファー	232	yeast extract	200
SOC	215		

バイオ実験法&必須データポケットマニュアル
ラボですぐに使える基本操作といつでも役立つ重要データ

2006年6月30日　第1刷発行
2024年5月15日　第8刷発行

著　者	田村隆明
発行人	一戸裕子
発行所	株式会社　羊　土　社
	〒101-0052
	東京都千代田区神田小川町2-5-1
TEL	03(5282)1211
FAX	03(5282)1212
	E-mail：eigyo@yodosha.co.jp
	URL：www.yodosha.co.jp/
印刷所	株式会社　平河工業社

© Takaaki Tamura, 2006. Printed in Japan
ISBN978-4-7581-0802-7

本書の複写にかかる複製、上映、譲渡、公衆送信（送信可能化を含む）の各権利は（株）羊土社が管理の委託を受けています．
本書を無断で複製する行為（コピー、スキャン、デジタルデータ化など）は、著作権法上での限られた例外（「私的使用のための複製」など）を除き禁じられています．研究活動、診療を含み業務上使用する目的で上記の行為を行うことは大学、病院、企業などにおける内部的な利用であっても、私的使用には該当せず、違法です．また私的使用のためであっても、代行業者等の第三者に依頼して上記の行為を行うことは違法となります．

JCOPY ＜（社）出版者著作権管理機構　委託出版物＞
本書の無断複写は著作権法上での例外を除き禁じられています．複写される場合は、そのつど事前に、（社）出版者著作権管理機構（TEL 03-5244-5088, FAX 03-5244-5089, e-mail:info@jcopy.or.jp）の許諾を得てください．

乱丁、落丁、印刷の不具合はお取り替えいたします．小社までご連絡ください．

無敵のバイオテクニカルシリーズ

改訂第4版 タンパク質実験ノート

上 タンパク質をとり出そう（抽出・精製・発現編）

岡田雅人, 宮崎 香／編
215頁 定価 4,400円（本体 4,000円＋税10%）
ISBN 978-4-89706-943-2

幅広い読者の方々に支持されてきた, ロングセラーの実験入門書が装いも新たに7年ぶりの大改訂！イラスト付きの丁寧なプロトコールで実験の基本と流れがよくわかる！実験がうまくいかない時のトラブル対処法も充実！

下 タンパク質をしらべよう（機能解析編）

岡田雅人, 三木裕明, 宮崎 香／編
222頁 定価 4,400円（本体 4,000円＋税10%）
ISBN 978-4-89706-944-9

タンパク研究の現状に合わせて内容を全面的に改訂. タンパク質の機能解析に重点を置き, 相互作用解析の章を新たに追加したほか最新の解析方法を初心者にもわかりやすく解説. 機器・試薬なども最新の情報に更新！

好評シリーズ既刊！

改訂第3版 顕微鏡の使い方ノート
はじめての観察からイメージングの応用まで

野島 博／著
247頁 定価 6,270円（本体 5,700円＋税10%）
ISBN 978-4-89706-930-2

改訂 細胞培養入門ノート

井出利憲, 原英俊／著
171頁 定価 4,620円（本体 4,200円＋税10%）
ISBN 978-4-89706-929-6

改訂第3版 遺伝子工学実験ノート

田村隆明／著

上 DNA実験の基本をマスターする
232頁 定価 4,180円（本体 3,800円＋税10%）
ISBN 978-4-89706-927-2

下 遺伝子の発現・機能を解析する
216頁 定価 4,290円（本体 3,900円＋税10%）
ISBN 978-4-89706-928-9

改訂 マウス・ラット実験ノート
はじめての取り扱い, 倫理・法的規制から, 飼育法・投与・麻酔・解剖, 分子生物学的手法とゲノム編集まで

中釜 斉／監, 北田一博, 廣本高志, 真下知士／編
204頁 定価 4,950円（本体 4,500円＋税10%）
ISBN 978-4-7581-2262-7

改訂第3版 バイオ実験の進めかた

佐々木博己／編
200頁 定価 4,620円（本体 4,200円＋税10%）
ISBN 978-4-89706-923-4

イラストでみる 超基本バイオ実験ノート
ぜひ覚えておきたい分子生物学実験の準備と基本操作

田村隆明／著
187頁 定価 3,960円（本体 3,600円＋税10%）
ISBN 978-4-89706-920-3

発行 羊土社 YODOSHA
〒101-0052 東京都千代田区神田小川町2-5-1　TEL 03(5282)1211　FAX 03(5282)1212
E-mail: eigyo@yodosha.co.jp
URL: www.yodosha.co.jp

ご注文は最寄りの書店, または小社営業部まで

羊土社のオススメ書籍

理系の
パラグラフライティング

レポートから英語論文まで論理的な文章作成の必須技術

高橋良子, 野田直紀, E. H. Jego, 日台智明/著

アカデミックライティング技術向上に役立つ, 理系のための「パラグラフライティング」教本.
1つのパラグラフから英語論文まで, 順を追った丁寧な解説で必須技術が身につく.

- 定価3,520円(本体3,200円+税10%)
- A5判 ■ 208頁 ■ ISBN 978-4-7581-0856-0

ストーリーで惹きつける
科学プレゼンテーション法

魅力的かつ論理的に自身の研究成果を伝える
世界標準のフォーマット

庫本高志/翻訳, BruceKirchoff/著, JonWagner/イラスト

ABT構造, タイトルのつけ方, エレベーターピッチ, 3MT, 学会発表, ポスター発表など, プレゼンのストーリーの型から, さまざまなシチュエーション別のプレゼン法まで, わかりやすく解説!

- 定価3,960円(本体3,600円+税10%)
- A5判 ■ 223頁 ■ ISBN 978-4-7581-0855-3

テンプレートでそのまま書ける
科学英語論文

ネイティブ編集者のアクセプトされる執筆術

ポール・ラングマン, 今村友紀子/著

「論文なんてどう書けば…」と途方に暮れる方に!
テンプレートに沿って書き込むだけで作法に合った草稿の完成です. テーマ設定〜出版まで, ネイティブ編集者が戦略を伝授!

- 定価3,740円(本体3,400円+税10%)
- A5判 ■ 256頁 ■ ISBN 978-4-7581-0854-6

発行 羊土社 YODOSHA

〒101-0052 東京都千代田区神田小川町2-5-1　TEL 03(5282)1211　FAX 03(5282)1212
E-mail : eigyo@yodosha.co.jp
URL : www.yodosha.co.jp

ご注文は最寄りの書店, または小社営業部まで

羊土社のオススメ書籍

実験医学別冊
あなたのタンパク質精製、大丈夫ですか？
貴重なサンプルをロスしないための達人の技

胡桃坂仁志,有村泰宏／編
- 定価 4,400円（本体 4,000円＋税10%） ■ A5判 ■ 186頁
- ISBN 978-4-7581-2238-2

あなたの細胞培養、大丈夫ですか？！
ラボの事例から学ぶ結果を出せる「培養力」

中村幸夫／監 西條薫,小原有弘／編
- 定価 3,850円（本体 3,500円＋税10%） ■ A5判 ■ 246頁
- ISBN 978-4-7581-2061-6

決定版
阻害剤・活性化剤ハンドブック
作用点,生理機能を理解して
目的の薬剤が選べる実践的データ集

秋山徹,河府和義／編
- 定価 7,590円（本体 6,900円＋税10%） ■ A5判 ■ 647頁
- ISBN 978-4-7581-2099-9

時間と研究費（さいふ）にやさしい
エコ実験

村田茂穂／編
- 定価 2,750円（本体 2,500円＋税10%） ■ A5判 ■ 192頁
- ISBN 978-4-7581-2068-5

意外に知らない、いまさら聞けない
バイオ実験 超基本Q&A 改訂版

大藤道衛／著
- 定価 3,740円（本体 3,400円＋税10%） ■ A5判 ■ 284頁
- ISBN 978-4-7581-2015-9

発行 羊土社 YODOSHA
〒101-0052 東京都千代田区神田小川町2-5-1 TEL 03(5282)1211 FAX 03(5282)1212
E-mail：eigyo@yodosha.co.jp
URL：www.yodosha.co.jp

ご注文は最寄りの書店、または小社営業部まで

実験医学別冊 最強のステップUPシリーズ

実験医学別冊　最強のステップUPシリーズ
ライトシート顕微鏡実践ガイド
組織透明化＆ライブイメージング
臓器も個体も"まるごと"観る！オールインワン型からローコストDIY顕微鏡まで

洲崎悦生／編

三次元病理診断や脳神経・発生などの研究分野で注目の「ライトシート顕微鏡」．組織透明化・ライブイメージングに必要なプロトコール・原理・技術を解説した初の実験書．

- ■定価9,900円（本体9,000円＋税10％）　■B5判　■203頁　■ISBN 978-4-7581-2268-9

実験医学別冊　最強のステップUPシリーズ
空間オミクス解析スタートアップ実践ガイド
最新機器の特徴と目的に合った選び方，データ解析と応用例を学び，
シングルセル解析の一歩その先へ！

鈴木 穣／編

シングルセル解析の弱点「位置情報の損失」を補う新技術は，どこまで使えるのか？！
次々に開発される機器のそれぞれの特徴・プロトコール・応用例が満載です．

- ■定価8,580円（本体7,800円＋税10％）　■B5判　■244頁　■ISBN 978-4-7581-2261-0

実験医学別冊　最強のステップUPシリーズ
フロントランナー直伝
相分離解析プロトコール
今すぐ実験したくなる，論文にはないコツや技

加藤昌人，白木賢太郎，中川真一／編

細胞生物学者待望の「相分離」の実験書がついに登場．この新領域で活躍する先駆者による，
論文につながるデータを得るためのノウハウや頻発トラブルへの対応を伝授！

- ■定価7,920円（本体7,200円＋税10％）　■B5判　■247頁　■ISBN 978-4-7581-2259-7

実験医学別冊　最強のステップUPシリーズ
ロングリードWET&DRY解析ガイド
シークエンスをもっと自由に！
リピート配列から構造変異，ダイレクトRNA，de novoアセンブリまで，
研究の可能性をグンと広げる応用自在な最新技術

荒川和暢，宮本真理／編

実験医学特集で大反響の「ロングリード」の本邦初の実践書が登場！従来技術にはない多くの
強みを生命科学・医学研究のゲノム解析に活かすためのノウハウが満載．

- ■定価6,930円（本体6,300円＋税10％）　■B5判　■230頁　■ISBN 978-4-7581-2253-5

発行　**羊土社 YODOSHA**
〒101-0052 東京都千代田区神田小川町2-5-1　TEL 03(5282)1211　FAX 03(5282)1212
E-mail：eigyo@yodosha.co.jp
URL：www.yodosha.co.jp

ご注文は最寄りの書店，または小社営業部まで